Ernst Probst

Die Säbelzahnkatze Homotherium

Mit Zeichnungen von Shuhei Tamura

Die Säbelzahnkatze Homotherium

Mit Zeichnungen von Shuhei Tamura

Ernst Probst

Die Säbelzahnkatze Homotherium

Mit Zeichnungen von Shuhei Tamura

GRIN Verlag

1. Auflage 2011
Copyright © 2011 GRIN Verlag GmbH
http://www.grin.com
Druck und Bindung: Books on Demand GmbH, Norderstedt Germany
ISBN 978-3-640-87557-3

*Modell der Säbelzahnkatze Homotherium latidens
aus dem Eiszeitalter, angefertigt von dem niederländischen
Bildhauer Remy Bakker aus Rotterdam*

Ernst Probst

Die Säbelzahnkatze
Homotherium

Mit Zeichnungen
von Shuhei Tamura

Gewidmet:

*Shuhei Tamura,
japanischer Künstler aus Kanagawa,
der zahlreiche Bilder
prähistorischer Raubkatzen
gemalt hat*

*Professor Dr. Helmut Hemmer,
international renommierter Experte
für fossile Katzen,
früher am Zoologischen Institut
der Universität Mainz tätig*

*Dr. Thomas Keller,
Paläontologe am Landesamt für Denkmalpflege
Hessen, der sich um die Erforschung
der Mosbach-Sande in Wiesbaden
und deren fossile Tierwelt verdient gemacht hat*

*Dick Mol,
weltweit bekannter Experte
für fossile Säugetiere aus dem Eiszeitalter
(vor allem Mammut)
aus Hoofddorp in den Niederlanden*

*Keees van Hooijdonk,
internationaler Experte
für fossile Katzen
aus Rucphen in den Niederlanden*

INHALT

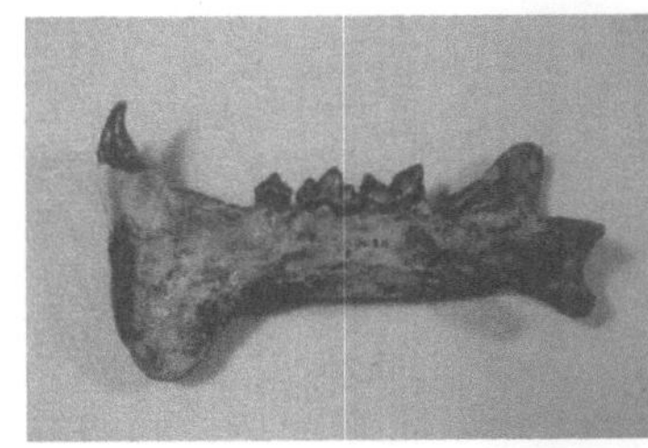

Dank

Für Auskünfte, mancherlei Anregung, Diskussion
und andere Arten der Hilfe danke ich:

René Bleuanus, Gorinchem, Niederlande

Thomas Engel, geologischer Präparator,
Naturhistorisches Museum Mainz /
Landessammlung für Naturkunde Rheinland-Pfalz

Dr. Charles Richard (Dick) Harington,
Curator of Quaternary Zoology Emeritus,
Canadian Museum of Nature, Ottawa,

Ulrich H. J. Heidtke, Niederkirchen (Pfalz)

Peter Holec,
Department of Geology and Paleontology,
Faculty of Science,
Comenicus Univercity, Bratislava, Slowakei

Dr. rer. nat. habil. Ralf-Dietrich Kahlke,
Leiter der Forschungsstation für Quartärpaläontologie
der Senckenbergischen Naturforschenden Gesellschaft,
Weimar

Dr. Thomas Keller,
Landesamt für Denkmalpflege Hessen,
Abt. Archäologische und Paläontologische Denkmalpflege,
Schloss Biebrich, Wiesbaden

Professor Dr. Hansjörg Kuhn, Göttingen

Dr. Martin Lödl,
Leiter der 1. Zoologischen Abteilung,
Naturhistorisches Museum Wien

Dick Mol,
Experte für fossile Säugetiere (vor allem Mammut)
aus dem Eiszeitalter,
Hoofddorp bei Amsterdam, Niederlande

Kevin Pluck, London

o. Univ. Prof. Mag. Dr. Gernot Rabeder,
Institut für Paläontologie, Universität Wien

Professor Dr. Jelle Reumer, Direktor,
Naturhistorisches Museum Rotterdam
(Niederlande)

Heiner Roos, Altbürgermeister, 1. Vorsitzender
des Fördervereins Dinotherium-Museum e.V. Eppelsheim

Georg Sack,
Leiter des Heimatmuseums Biebrich

Dr. Oliver Sandrock,
Hessisches Landesmuseum Darmstadt

Dieter Schreiber, Dipl.-Geologe,
Staatliches Museum für Naturkunde Karlsruhe

Marion Schütz, Geschäftsstellenleiterin,
Homo heidelbergensis von Mauer e. V.,
Mauer bei Heidelberg

Miron Seffzek,
Urzeitshop (www.urzeitshop.de), Duvensee
Shuhei Tamura, Kanagawa, Japan

Thüringer Zoopark Erfurt

Professor Dr. Evangelia Tsoukala,
School of Geology, Aristotle University, Thessaloniki

Kees van Hooijdonk,
Experte für fossile Katzen, Rucphen, Niederlande

Wilrie van Logchem,
Experte für fossile Katzen, Culemborg, Niederlande

Jan Wagner,
Institute of Geology, Academy of Science
of the Czech Republik, Prag

Hans Wildschut, Fotograf, Hoofddorp, Niederlande

Frank Wouters, Antwerpen, Belgien

Lebensbild der Säbelzahnkatze
Homotherium crenatidens.
Zeichnung von Shuhei Tamura

Die Säbelzahnkatze
Homotherium

Maximal 1,90 Meter lang, 1,10 Meter hoch und womöglich bis zu 400 Kilogramm schwer war die Säbelzahnkatze *Homotherium*. Mit dieser imposanten Raubkatze befasst sich das Taschenbuch „Die Säbelzahnkatze *Homotherium*" des Wiesbadener Wissenschaftsautors Ernst Probst. Der Name dieser 1890 erstmals wissenschaftlich beschriebenen Gattung soll zu deutsch „Menschenfressende Bestie" bedeuten. *Homotherium* existierte zu unterschiedlichen Zeiten in Afrika, Nordamerika, Asien und Europa. Die frühesten Funde aus Afrika sind etwa vier Millionen Jahre alt. In Deutschland belegen Knochen und Zähne aus Thüringen, Hessen, Rheinland-Pfalz, Bayern und Baden-Württemberg die Anwesenheit jener Säbelzahnkatze während des Eiszeitalters vor etwa einer Million Jahren bis vor etwa 300.000 Jahren. Auch aus Niederösterreich liegen Fossilien von *Homotherium* vor. Als jünger Fund einer Säbelzahnkatze in Europa gilt ein rund 28.000 Jahre alter Unterkieferast, der auf halbem Weg zwischen IJmuiden (Niederlande) und Lowescroft (Ostengland) von einem niederländischen Kutter aufgefischt wurde. Dieses Taschenbuch ist Shuhei Tamura aus Kanagawa (Japan), Professor Dr. Helmut Hemmer aus Mainz, Dr. Thomas Keller aus Wiesbaden, Dick Mol aus Hoofddorp (Niederlande) und Kees van Hooijdonk aus Rucphen (Niederlande) gewidmet. Diese Experten haben den Autor bei verschiedenen Buchprojekten über fossile Raubkatzen unterstützt.

*Amerikanischer Zoologe
Theodore Gill (1837–1914)*

*Dinofelis auf einer
Zeichnung des
japanischen Künstlers
Shuhei Tamura
aus Kanagawa*

14

Kein Name ist ideal:
Säbelzahntiger, Säbelzahnkatze,
Dolchzahnkatze

Gleich vorweg: Die Namen Säbelzahntiger, Säbelzahnkatze und Dolchzahnkatze sind allesamt mehr oder minder problematisch. Der vor allem gerne von Laien, aber auch von manchen Wissenschaftlern verwendete Ausdruck Säbelzahntiger weckt vielleicht die falsche Vorstellung, dieses Tier sei eng mit dem heutigen Tiger verwandt und immer so groß wie dieser. Auch der etwas modernere Begriff Säbelzahnkatze ist unzutreffend, weil die Eckzähne (Fangzähne) bei den verschiedenen Formen dieser Raubtiere nicht haargenau wie ein Säbel aussehen. Zudem klingt der Wortteil „katze" bei einem bis zu tigergroßen Tier zumindest für Laien etwas merkwürdig.

Nicht nur auf Gegenliebe stößt die Aufsplitterung in Säbelzahnkatzen (englisch: saber-toothed cats, scimitar-toothed cats oder scimitar cats) und Dolchzahnkatzen (englisch: dirk-toothed cats). Säbelzahnkatzen heißen – dieser Einteilung zufolge – nur schlanke Gattungen wie *Machairodus* und *Homotherium* mit verhältnismäßig langen Beinen sowie kürzeren, breiteren, stark gebogenen, krummsäbelartigen Eckzähnen. Dolchzahnkatzen wie die Gattungen *Megantereon* und *Smilodon* dagegen waren eher robust gebaut, besaßen kurze und kräftige Beine, einen gestreckten Körper und trugen längere und schmalere Eckzähne. Verwirrend ist aber, dass die 1999 beschriebene neue Gattung *Xenosmilus* sowohl Merkmale von Säbelzahnkatzen als auch von Dolchzahnkatzen in sich vereint. Überdies können viele Laien mit dem Begriff Dolchzahnkatzen wenig anfangen, weil ihnen seit lan-

*Rekonstruktion der Säbelzahnkatze Machairodus
aus dem Miozän von 1902*

*Rekonstruktion der Dolchzahnkatze Smilodon
von Charles Robert Knight (1874–1953) von 1905*

ger Zeit nur die Namen Säbelzahntiger oder Säbelzahnkatze vertraut sind.

In der wissenschaftlichen Systematik gehören die Säbelzahnkatzen und Dolchzahnkatzen zu den Höheren Säugetieren (Eutheria), Raubtieren (Carnivora), Katzenartigen (Feloidea), Katzen (Felidae) und Säbelzahnkatzen (Machairodontinae). Der amerikanische Zoologe Theodore Gill (1837–1914) hat die Unterfamilie der Machairodontinae 1872 erstmals beschrieben.

Echte Säbelzahnkatzen existierten vom Mittelmiozän vor etwa 15 Millionen Jahren bis zum Ende des Eiszeitalters (Pleistozän) vor etwa 11.700 Jahren. Wenn in der Literatur noch ältere Säbelzahnkatzen erwähnt werden, handelt es sich dabei um Formen, die man heute als falsche Säbelzahnkatzen oder Scheinsäbelzahnkatzen bezeichnet.

Zähne und Knochen von Säbelzahnkatzen und Dolchzahnkatzen hat man in Nordamerika, Südamerika, Asien, Europa und Afrika entdeckt. Auch in Deutschland wurden Reste von Säbelzahnkatzen und Dolchzahnkatzen geborgen. Nur aus Australien liegen keine Funde vor.

Die Säbelzahnkatzen und Dolchzahnkatzen werden in der Literatur oft in drei Stämme (Tribus) aufgeteilt: Metailurini, Homotheriini und Smilodontini.

Zu den Metailurini gehören folgende Gattungen:
Metailurus: Miozän in Europa und Asien
Adelphailurus: Miozän in Nordamerika
Dinofelis: Pliozän und Pleistozän in Afrika, Europa (Frankreich), Asien und Nordamerika
Ein Teil der Wissenschaftler rechnet die Metailurini heute nicht mehr zu den Säbelzahnkatzen (Machairodontinae), sondern zu den Kleinkatzen (Felinae).

Zu den Homotheriini (saber-toothed cats, scimitar-cats) gehören folgende Gattungen:

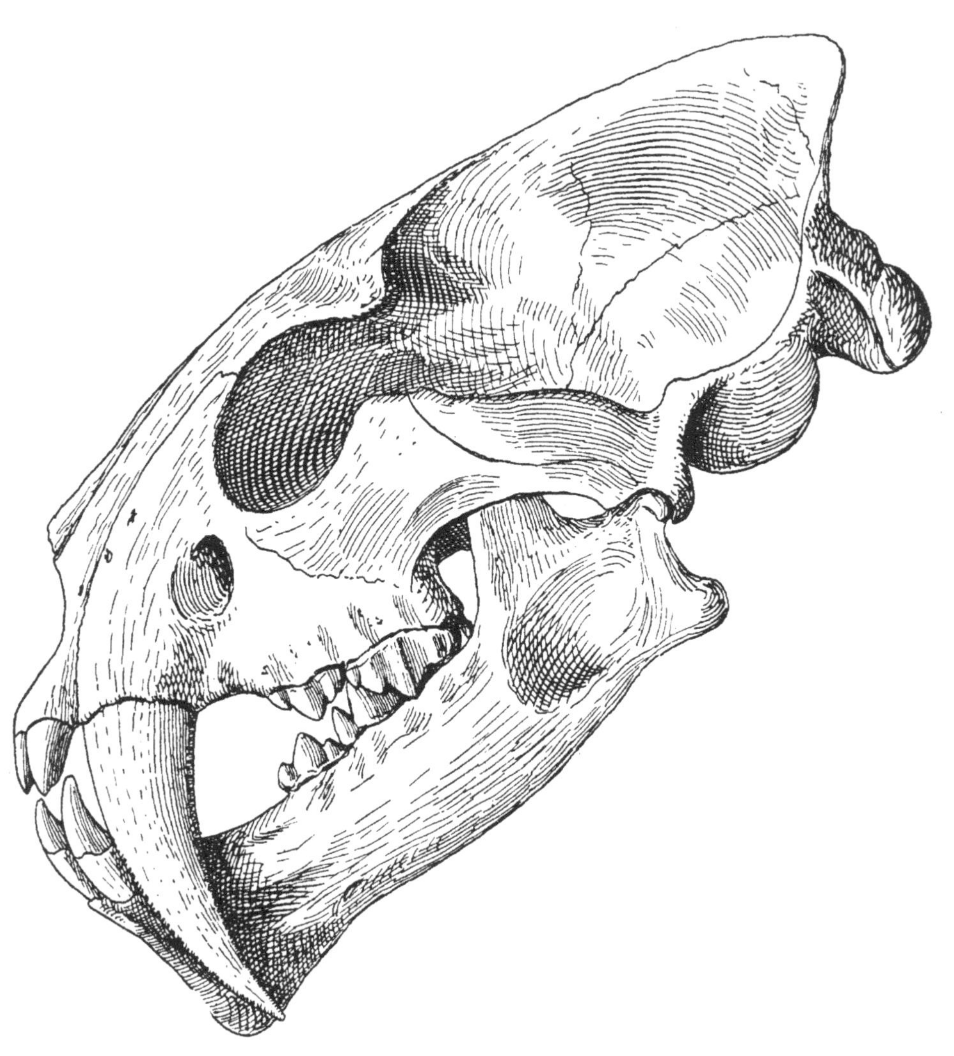

*Schädel der Säbelzahnkatze
Machairodus cultridens
aus dem Obermiozän.
Diese Art gilt heute als Synonym
von Machairodus aphanistus.*

18

Machairodus: Miozän und Pliozän in Europa, Asien, Afrika und Nordamerika
Xenosmilus: unterstes Pleistozän in Nordamerika
Homotherium: frühes Pliozän bis spätestes Pleistozän in Europa, Asien, Afrika, Nordamerika und neuerdings auch Südamerika

Zu den Smilodontini (dirk-toothed cats) zählen folgende Gattungen:
Paramachairodus: mittleres bis oberes Miozän in Europa und Asien
Megantereon: Pliozän bis Mittelpleistozän in Europa, Asien, Afrika, Nordamerika
Smilodon: oberes Pliozän bis oberstes Pleistozän in Nord- und Südamerika

In Kino- oder Fernsehfilmen werden Säbelzahnkatzen bzw. Dolchzahnkatzen oft als sehr große und furchterregende Raubtiere dargestellt. Tatsächlich besaßen nur wenige Arten ungefähr die Größe eines heutigen Löwen (*Panthera leo*) mit einer Höhe von einem Meter und einer Gesamtlänge bis zu 2,80 Metern oder vielleicht sogar eines Sibirischen Tigers (*Panthera tigris altaica)* mit einer Höhe bis zu einem Meter und einer Gesamtlänge bis zu drei Metern.
Imposante Maße hatten die Säbelzahnkatzen *Machairodus giganteus* (ca. 2,50 Meter Gesamtlänge, 1,20 Meter Schulterhöhe) und *Homotherium crenatidens* (mehr als zwei Meter Gesamtlänge, 1,10 Meter Schulterhöhe) sowie die Dolchzahnkatze *Smilodon populator* (etwa 2,40 Meter Gesamtlänge, 1,20 Meter Schulterhöhe), die in älterer Literatur oft als größte Art der Säbelzahntiger bezeichnet wird. Viele andere Arten waren kleiner als ein Leopard (*Panthera pardus*), der mit Schwanz bis zu 2,30 Meter lang ist, oder ein Ozelot (*Leopardus pardalis*), der insgesamt bis zu 1,45 Meter lang wird.

Dolchzahnkatze Megantereon
Zeichnung von Shuhei Tamura

Säbelzahnkatzen und Dolchzahnkatzen konnten ihren Unterkiefer bis um 120 Grad nach unten aufreißen. Das versetzte sie in die Lage, ihre langen Eckzähne voll einzusetzen. Gegenwärtige Katzen können ihre Kiefer nur um 65 bis 70 Grad öffnen.

Ober- und Unterkiefer der Säbelzahnkatzen und Dolchzahnkatzen waren durch ein Scharniergelenk verbunden. Ihr Gebiss hatte je nach Gattung oder Variation innerhalb derselben unterschiedlich viele Zähne. Bei *Machairodus* waren es 30 Zähne, bei *Homotherium* und *Megantereon* jeweils 28 Zähne und bei *Smilodon* 26 bis 28 Zähne. Davon abweichende Zahlenangaben beruhen darauf, dass der sehr kleine (rudimentäre) Backenzahn in beiden Oberkieferästen oft nicht in der Zahnformel erwähnt wird.

Lücken (Diastema) ermöglichten es, dass die Eckzähne beim Schließen des Maules aneinander vorbei gleiten konnten. Die Eckzähne dienten zum Packen, Festhalten und Töten der Beute, die Reißzähne zum Abbeißen von Fleischstücken, die unzerkaut geschluckt wurden. Die Reißzähne besaßen zackige Spitzen, die beim Beißen scherenartig aneinander vorbei glitten.

Über die Lebensweise der Säbelzahnkatzen und Dolchzahnkatzen gab und gibt es immer noch viele Diskussionen. Heute überwiegt die Ansicht, sie seien aktive Räuber gewesen. Gelegentlich heißt es aber auch, sie könnten sich als reine Aasfresser ernährt haben. Der niederländische Experte Kees van Hooijdonk aus Rucphen vermutet, Säbelzahnkatzen und Dolchzahnkatzen könnten versucht haben, anderen Raubkatzen die Beute abzunehmen, wenn sich Gelegenheit dafür bot. In Zeiten der Knappheit hätten sie vielleicht auch Aas gefressen. Wegen des teilweise recht großen Körpers mancher Arten nimmt man an, diese hätten recht stattliche Beutetiere zur Strecke bringen können.

Umstritten ist, ob Säbelzahnkatzen und Dolchzahnkatzen auch riesige erwachsene Rüsseltiere oder zumindest deren Jung-

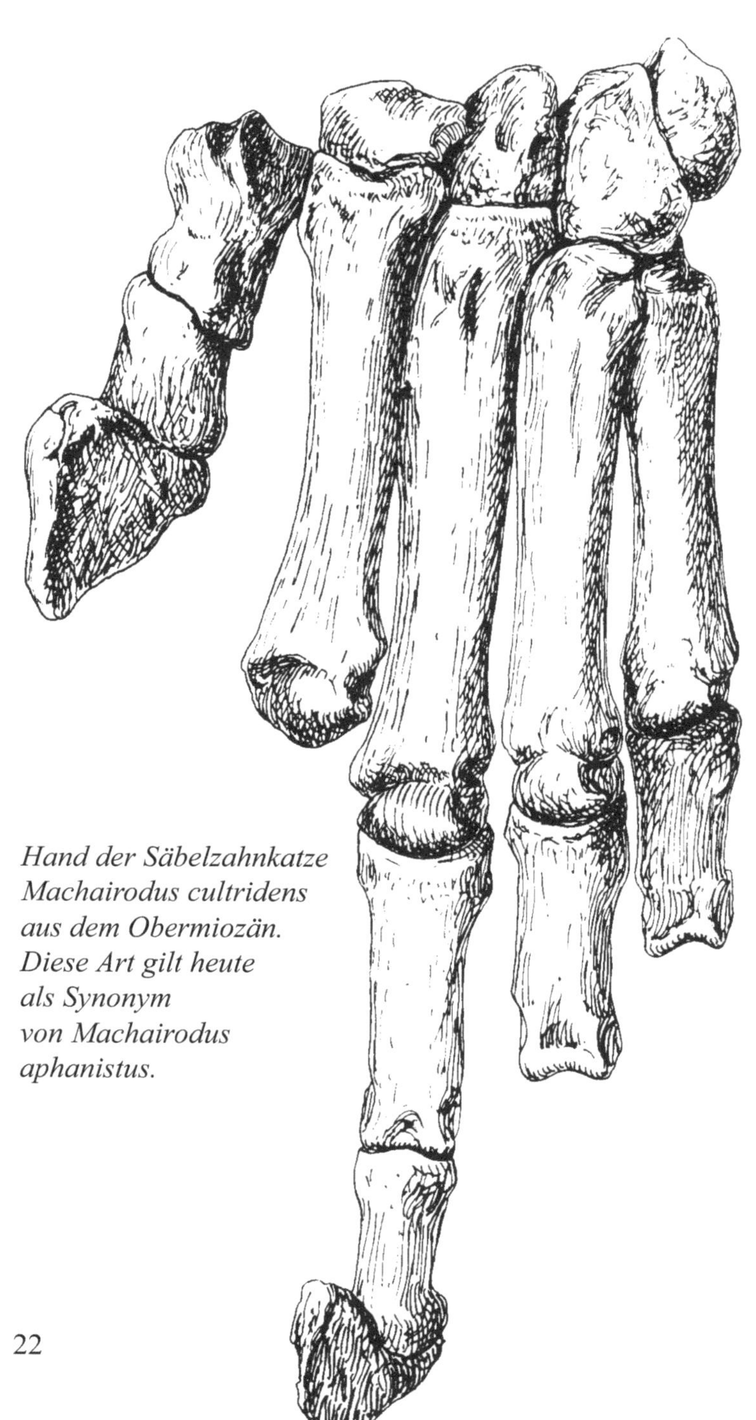

Hand der Säbelzahnkatze
Machairodus cultridens
aus dem Obermiozän.
Diese Art gilt heute
als Synonym
von Machairodus
aphanistus.

tiere angegriffen haben. Anhaltspunkte hierfür lieferten zahlreiche Mammutskelette, die neben einigen Skeletten der Säbelzahnkatze *Homotherium serum* in der Friesenhahn-Höhle (Bexar County) bei San Antonio in Texas entdeckt wurden.

Nicht völlig geklärt ist die Funktion der charakteristischen Eckzähne der Säbelzahnkatzen und Dolchzahnkatzen, die kontinuierlich nachwuchsen. Einerseits heißt es, damit hätten diese Raubkatzen sehr großen Beutetieren tiefe Stich- und Reißwunden zufügen können, an denen die Beutetiere verblutet seien. Andererseits verweisen skeptische Experten darauf, dass die relativ weichen Eckzähne bei solch einer starken Belastung leicht brechen hätten können.

Ein Teil der Fachleute hält es für möglich, dass Säbelzahnkatzen und Dolchzahnkatzen mit ihren Eckzähnen bereits am Boden liegenden, wehrlosen Beutetieren gleichzeitig Halsschlagader und Luftröhre durchtrennten. Dabei hätten sie mit ihren kräftig ausgebildeten Vordergliedmaßen Beutetiere gegen den Boden gedrückt, um einen präzisen Todesbiss anzubringen.

Nach einer anderen Theorie dienten die eindrucksvollen Eckzähne der Säbelzahnkatzen und Dolchzahnkatzen lediglich dazu, ihren eigenen Artgenossen zu imponieren. Weil die Eckzähne bei verschiedenen Arten sehr unterschiedlich gestaltet sind, ist es auch möglich, dass sie auf unterschiedliche Art und Weise benutzt worden sind.

Laut einer weiteren Theorie könnten sich Säbelzahnkatzen und Dolchzahnkatzen von Blut, Eingeweiden und weichen, leicht abzufressenden Körperteilen ernährt haben, welche die langen Eckzähne nicht gefährdeten. Den Rest der Beute ließen sie vermutlich liegen, was oft Aasfresser anlockte. Vermutlich besaßen Säbelzahnkatzen und Dolchzahnkatzen wie heutige Katzen verhornte Papillen auf der Zunge, um ohne Gefahr für die Zähne von Knochen das Fleisch ablösen zu können.

Säbelzahnkatze Machairodus
Zeichnung von Shuhei Tamura

Dolchzahnkatze Smilodon
Zeichnung von Shuhei Tamura

Nach den bisherigen Funden zu schließen, stammen die ältesten Fossilien von Säbelzahnkatzen und Dolchzahnkatzen aus dem Mittelmiozän vor etwa 15 Millionen Jahren. Aus dem Obermiozän vor etwa zehn Millionen Jahren kennt man Reste der Säbelzahnkatze *Machairodus aphanistus* und der Dolchzahnkatze *Paramachairodus ogygius* aus Ablagerungen des Ur-Rheins bei Eppelsheim in Rheinhessen, vom ehemaligen Vulkan Höwenegg bei Immendingen/Donau (Kreis Tuttlingen) und aus Melchingen, heute ein Stadtteil von Burladingen (Zollernalbkreis). Etwas jünger sind die auf etwa 8,5 Millionen Jahre datierte Säbelzahnkatze *Machairodus* cf. *aphanistus* sowie die Dolchzahnkatzen *Paramachairodus orientalis* und *Paramachairodus ogygius*) aus Dorn-Dürkheim in Rheinhessen. Die Abkürzung „cf." (lateinisch: confer = vergleiche) wird benutzt, wenn eine Bestimmung unsicher ist. Sie steht vor dem unsicheren Bestandteil des Namens, im erwähnten Fall vor der Art *aphanistus*.

Machairodus war vielleicht der Ahne der Gattung *Homotherium*, die sich im frühen Pliozän entwickelte. *Homotherium* existierte etwa vor 5 Millionen bis 11.700 Jahren. Diese Gattung ist auch von mehreren eiszeitlichen Fundorten aus Deutschland bekannt.

Ein Zeitgenosse von *Homotherium* war die Dolchzahnkatze *Megantereon*, die vom frühen Pliozän vor etwa 4,5 Millionen Jahren bis zum mittleren Eiszeitalter vor etwa 500.000 Jahren verbreitet war. *Homotherium* und *Megantereon* kamen in der Gegend von Chilhac und Senèze (beide in Frankreich) sowie in Untermaßfeld bei Meiningen (Deutschland) zusammen vor. *Megantereon* ähnelte sehr seinem Nachfahren *Smilodon*.

Die Dolchzahnkatze *Smilodon* lebte vom Oberpliozän vor mehr als 2,5 Millionen Jahren bis zum späten Pleistozän und starb erst vor etwa 11.700 Jahren zu Beginn des Holozän (Heutzeit) aus. Von *Smilodon* wurden nur in Nord- und Südamerika fossile Reste gefunden. Besonders viele Fossilien von *Smilodon* sind vom Fundort Rancho La Brea im Stadtgebiet von Los Angeles in Kalifornien bekannt.

Als so genannte Scheinsäbelzahnkatzen gelten einige Arten der Nimravidae und der Barbourofelidae. Verlängerte obere Eckzähne wie bei den Säbelzahnkatzen und Dolchzahnkatzen gab es außerhalb der Raubtiere auch bei zwei anderen Ordnungen der Säugetiere. Nämlich bei den Creodonten wie *Machaeroides* und den zu den Beuteltieren gehörenden Thylacosmiliden wie *Thylacosmilus*.

Machaeroides wurde 1901 von dem aus Kanada stammenden Paläontologen William Diller Matthew (1871– 1930) beschrieben. Bei der wissenschaftlichen Untersuchung hatten ihm zwei Unterkiefer und ein Zahn aus Wyoming (USA) aus dem Eozän (etwa 53 bis 34 Millionen Jahre) vorgelegen. Der Artname *Machaeroides simpsoni* erinnert an den amerikanischen Paläontologen George Gaylord Simpson (1902–1984). *Machaeroides* hatte eine Schulterhöhe von ca. 30 Zentimetern, eine Kopfrumpflänge von etwa 60 Zentimetern und – zusammen mit dem ungefähr 30 Zentimeter langen Schwanz – eine Gesamtlänge von rund 90 Zentimetern.

Die erste Beschreibung von *Thylacosmilus atrox* erfolgte 1934 durch den amerikanischen Paläontologen Elmer Riggs (1869–1963). Sie erfolgte auf der Basis von zwei Teilskeletten aus dem Pliozän von Argentinien. Diese Funde gelten als die am komplettesten erhaltenen Fossilien jener Art. *Thylacosmilus atrox* hatte etwa die Größe eines südamerikanischen Jaguars. Er erreichte eine Schulterhöhe von ca. 60 Zentimetern, eine eine Kopfrumpflänge von etwa 1,20 Meter, wozu noch ein schätzungsweise 45 Zentimeter langer Schwanz kam.

Unter Kryptozoologen, die weltweit nach verborgenen Tierarten suchen, kursieren Berichte über angebliche Sichtungen von Großkatzen aus Südamerika und Afrika, bei denen es sich um Säbelzahnkatzen handeln soll. Der verhältnismäßig junge Forschungszweig der Kryptozoologie wurde um 1950 von dem belgischen Zoologen und Publizisten Bernard

Heuvelmans (1916–2001) gegründet und bewegt sich zwischen seriöser Wissenschaft und purer Phantasie.

Eingeborene in der Zentralafrikanischen Republik und aus dem Tschad berichteten über mysteriöse „Tiger der Berge" in ihrer Heimat. Spekulationen zufolge könnte es sich um überlebende Tiere der Gattungen *Machairodus* oder *Meganteron* handeln, die aus Afrika durch Fossilien belegt sind. Als an ein Leben im Wasser angepasste Säbelzahnkatzen werden so genannte „Wasserlöwen" oder „Panther des Wassers" gedeutet, die in der Zentralafrikanischen Republik existieren sollen.

Der Mosbacher Löwe (Panthera leo fossilis)
mit einer Gesamtlänge bis zu 3,60 Metern oben
und der Gepard (Acinonyx pardinensis) unten
waren Zeitgenossen der Säbelzahnkatze Homotherium.
Zeichnungen von Shuhei Tamura

Homotherium:
Die hyänenartige
Säbelzahnkatze

Die Säbelzahnkatze *Homotherium* existierte in Afrika und Europa bereits im Pliozän vor mehr als vier Millionen Jahren. Letzte Funde aus dem „Schwarzen Erdteil" sind rund 1,5 Millionen Jahre alt. In Europa, Asien, Nordamerika und Südamerika dagegen behauptete sich *Homotherium* bis zum Ende des Eiszeitalters vor ungefähr 11.700 Jahren. *Homotherium* gehört – wie erwähnt – zu den Säbelzahnkatzen und nicht zu den Dolchzahnkatzen.

Die Gattung *Homotherium* wurde 1890 von dem italienischen Mediziner und Naturforscher Emilio Fabrini di Montaione erstmals beschrieben. Bei der wissenschaftlichen Untersuchung hatten ihm Funde aus dem Arnotal (Val d'Arno) in der Toskana, die im Paläontologischen Museum der Unversität Florenz aufbewahrt werden, vorgelegen. Laut der Internetseite http://dinosaurs.about.com soll der Gattungsname *Homotherium* zu deutsch „Menschenfressende Bestie" bedeuten.

Einer der geologisch ältesten Funde von *Homotherium* in Afrika kam in Koobi Fora in Kenia zum Vorschein. Sein Alter wird auf mehr als vier Millionen Jahre geschätzt. Ein ähnlich hohes Alter hat ein Fund aus Odessa (Ukraine) in Europa. Aus dem frühen Eiszeitalter kennt man die Säbelzahnkatzen *Homotherium ethiopicum* und *Homotherium hadarensis* in Afrika. Diese Arten aus dem „Schwarzen Erdteil" unterscheiden sich aber nur wenig von den Formen jener Zeit aus Europa und Asien.

Der Säbelzahnkatze *Homotherium* mussten im Pliozän in Afrika die Vormenschen der Gattung *Australopithecus* („Süd-

Der amerikanische Paläontologe Edward Drinker Cope
(1840–1897) beschrieb 1893 erstmals Dinobastis serum.

Lebensbild der aus Nordamerika bekannten
Säbelzahnkatze Homotherium serum von Hristo Peshev

affe") und im Eiszeitalter die Frühmenschen der Gattung *Homo* (Mensch) aus dem Weg gehen. Denn sie konnten sich mangels Waffen gegen diese löwengroße Raubkatze nicht wirksam verteidigen. Lanzen und Speere wurden erst viel später erfunden.

In Nordamerika lebten vom so genannten obersten Pliozän bis zum oberen Pleistozän verschiedene Arten der Säbelzahnkatze *Homotherium.* Die frühe Art aus Nordamerika wird als *Homotherium crenatidens* bezeichnet, die späte Art als *Homotherium serum.*

Als Fundorte der frühen Art gelten – einer Publikation der amerikanischen Paläontologen George T. Jefferson (Borrego Springs) und Antonia E. Tejada-Flores (Los Angeles) zufolge – beispielsweise Sand Draw Quarry (Nebraska), Delmont (South Dakota), Cita Canyon (Texas) und Owyhee (Oregon). Der Fossilfund aus Oregon weist – laut Jefferson und Tejada-Flores – starke Ähnlichkeit mit dem Skelett von *Homotherium crenatidens* aus Senèze in Frankreich auf.

Häufiger als Funde der frühen Art sind solche der späten Art *Homotherium serum* geborgen worden. Man kennt etliche Fundorte zwischen Alaska und Texas.

Im nördlichen Nordamerika ist *Homotherium* offenbar die einzige Säbelzahnkatze gewesen. Dagegen war *Homotherium* im südlichen Nordamerika ein Zeitgenosse der Dolchzahnkatze *Smilodon.* Von *Homotherium* liegen bisher merklich weniger Funde als von *Smilodon* vor.

Früher hat man *Homotherium serum* als *Dinobastis serus* bezeichnet. *Dinobastis serus* wurde 1893 von dem amerikanischen Paläontologen Edward Drinker Cope (1840–1897), der als Dinosaurierjäger für Furore sorgte, erstmals beschrieben. Seit 1962 ist der Artname *Homotherium serum* üblich. In Nordamerika starb *Homotherium* vor etwa 11.700 Jahren aus.

Der kanadische Paläontologe Charles Richard („Dick") Harington aus Ottawa schrieb 1996 über die amerikanische

*Kanadischer Paläontologe
Charles Richard (Dick) Harington
aus Ottawa mit Schädelrest
eines Steppenwisents (Bison priscus)
aus dem Old Crow Basin im Yukon (Kanada).
Am Ufer des Old Crow-Flusses
glückte am 28. Juli 1968
der erste bekannte Fund
der Säbelzahnkatze Homotherium serum
im Gebiet der
ehemaligen Landbrücke Beringia.
Dabei handelte es sich
um einen rechten Unterkieferast
mit Backenzähnen.*

Säbelzahnkatze *Homotherium serum*: „Er war schlank gebaut (mit recht langen Vordergliedmaßen). Sein Schwanz war kurz. Und seine oberen Fänge ähnelten gekrümmten Steakmessern."
Männliche Tiere von *Homotherium serum* erreichten eine Schulterhöhe von ca. 1,10 Meter, eine Kopfrumpflänge von etwa 1,90 Metern und Männchen ein Gewicht bis zu 190 Kilogramm. Das Gewicht der weiblichen Tiere wird auf ungefähr 175 Kilogramm geschätzt. Diese kurzschwänzige Säbelzahnkatze besaß wegen ihrer Vorderbeine, die merklich länger als die Hinterbeine waren, eine abfallende Rückenlinie und somit ein hyänenähnliches Aussehen. Die Hinterbeine hatten bärenartige Fersen und Knöchel. *Homotherium serum* war nach Ansicht von „Dick" Harington schneller als ein Bär. Seine Höchstgeschwindigkeit soll bei etwa 60 Stundenkilometern gelegen haben.
Der Schädel von *Homotherium serum* und die Anordnung der Augenhöhlen deuten auf ein weites Gesichtsfeld und eine tagaktive Jagdweise hin. Der Körperbau zeigt eher Anpassungen an eine kurze, sprintartige Jagdtechnik als an ausdauernde Hetzjagd. Die Krallen waren nicht einziehbar und dienten wie beim Gepard als eine Art Spikes, um bei plötzlichen Richtungsänderungen von flüchtenden Beutetieren nicht wegzurutschen und aus dem Gleichgewicht zu geraten.
Nirgendwo auf der Welt hat man mehr Reste von *Homotherium* gefunden als in der Friesenhahn-Höhle (Bexar County) bei San Antonio in Texas. Erste systematische Untersuchungen erfolgten dort 1949 und 1959 durch das Texas Memorial Museum in Austin unter der Leitung der Paläontologen Glen L. Evans und Grayson E. Meade. In der Friesenhahn-Höhle barg man neben Fossilien von mehr als 200 bis 400 jungen Präriemammuts (*Mammuthus columbi*) und etlichen Funden vom wolfähnlichen Wildhund *(Canirus dirus)* auch Skelettreste von rund 30 jungen und erwachsenen Säbelzahnkatzen der Art *Homotherium serum*.

Große Raubkatzen leben
– mit Ausnahme des Löwen –
als Einzelgänger.
Obiges Foto
von Kevin Pluck aus London
zeigt einen männlichen Löwen
(Panthera leo) in Namibia.
Diese Aufnahme wurde
im Online-Lexikon „Wikipedia"
in die Liste der exzellenten Bilder
aufgenommen.
Manche Experten vermuten,
die Säbelzahnkatze Homotherium
habe ähnlich wie Löwen
in kleinen Gruppen gejagt.

*Experten Mauricio Antón aus Madrid (oben)
und Alan Turner aus Liverpool unten*

Nach Altersdatierungen mit der Radiocarbon-Methode (C14-Methode) zu schließen, stammen die Fossilien aus der Friesenhahn-Höhle aus dem späten Pleistozän vor rund 15.000 Jahren. Die Säbelzahnkatzen-Reste von dort gehören zu den geologisch jüngsten Funden der Gattung *Homotherium*.

Die Reste der Präriemammute stammen fast alle von etwa zwei Jahre alten Tieren. Das entspricht genau dem Alter, in dem sich junge Elefanten gelegentlich von ihren Müttern entfernen und erste Erkundungen abseits der Herde wagen. In manchen Gebieten von Afrika fallen junge Afrikanische Elefanten in diesem Alter nicht selten Löwen zum Opfer.

Womöglich haben Säbelzahnkatzen junge Präriemammute abseits der Herde überrascht und ihnen mit ihren langen Eckzähnen schnell tödliche Wunden zugefügt. Anschließend schleiften sie ihre Opfer dann zwecks Versorgung ihrer Jungtiere in die Friesenhahn-Höhle. *Homotherium* scheint sich auf recht große Beutetiere als Nahrung spezialisiert zu haben. Sein Aussterben könnte also durchaus mit dem Verschwinden der Rüsseltiere aus der nördlichen Hemisphäre zusammenhängen.

Im Online-Lexikon „Wikipedia" heißt es, aufgrund der vermuteten großen Beutetiere und der Tatsache, dass *Homotherium* auch im Vergleich mit heutigen Löwen relativ schlank gebaut war, nehme man an, dass diese Raubtiere im Rudel gejagt haben. Die nach hinten abfallende Rückenlinie, der schlanke Bau der Gliedmaßen sowie die schwachen Krallen deuteten darauf hin, dass *Homotherium* ein ausdauernder Läufer gewesen sei und offene Landschaften – wie Steppen – bevorzugt habe. In der Literatur ist aber auch von offenen Wäldern als Lebensraum die Rede.

Die meisten Paläontologen betrachten die Säbelzahnkatze *Homotherium* als Einzelgänger. Mit Ausnahme der Löwen sind nämlich andere große Raubkatzen Einzelgänger. Einige Experten – wie Mauricio Antón (Madrid), Angel Galobert (Sabadell) und Alan Turner (Liverpool) – vermuten dagegen,

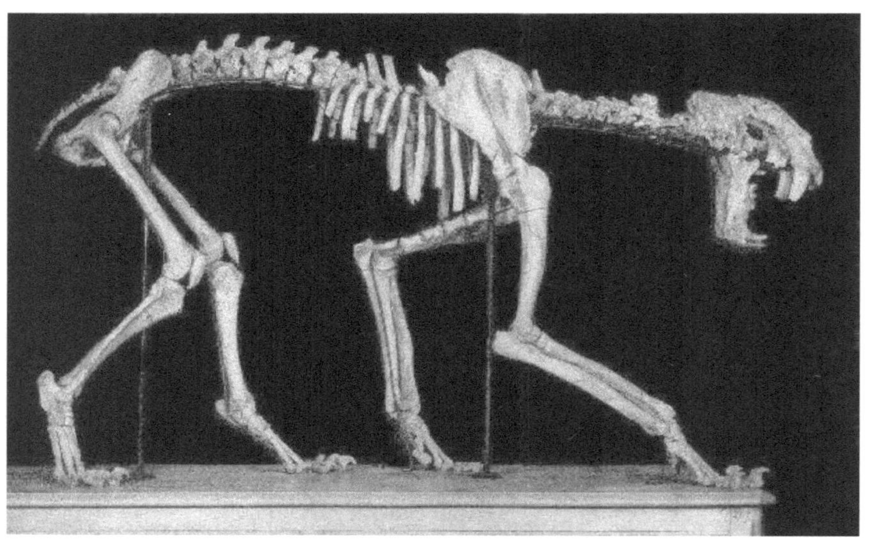

*Funde der Säbelzahnkatze Homotherium crenatidens
aus Senèze in der Universität Claude Bernard in Lyon:*

*Seite 38 oben:
Skelett aus Senèze in der Publikation „ Monographie
d'un Machairodus du gisement Villafranchien de Senèze:
Homotherium crenatidens" (1963) von Roland Ballesio.
Dabei kommt das typische hyänenartige Aussehen von
Homotherium mit abfallendem Rücken nicht zum Ausdruck.*

*Seite 39 oben:
Langer und schmaler Schädel mit einigen Zähnen aus
Senèze. An den Eckzähnen sind die Spitzen abgebrochen.
Maßstab unten: zehn Zentimeter.*

*Seite 39 unten:
Robuster Unterkiefer mit Zähnen aus Senèze.
Er ist massiver als bei heutigen Großkatzen.*

38

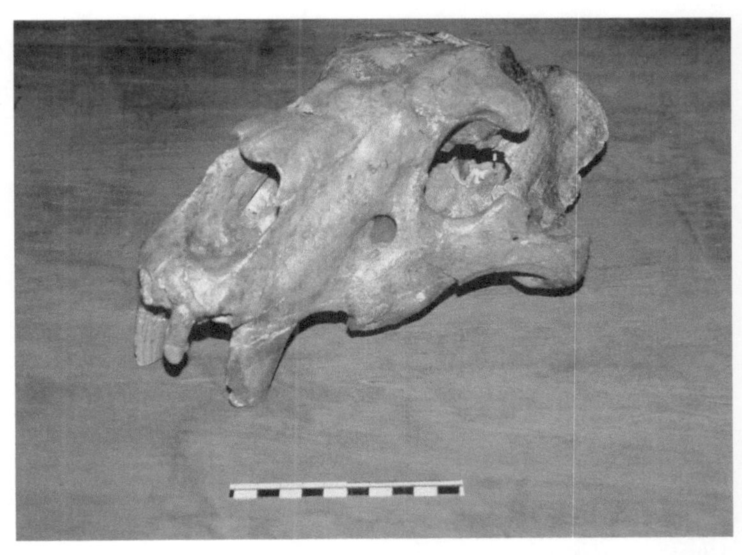

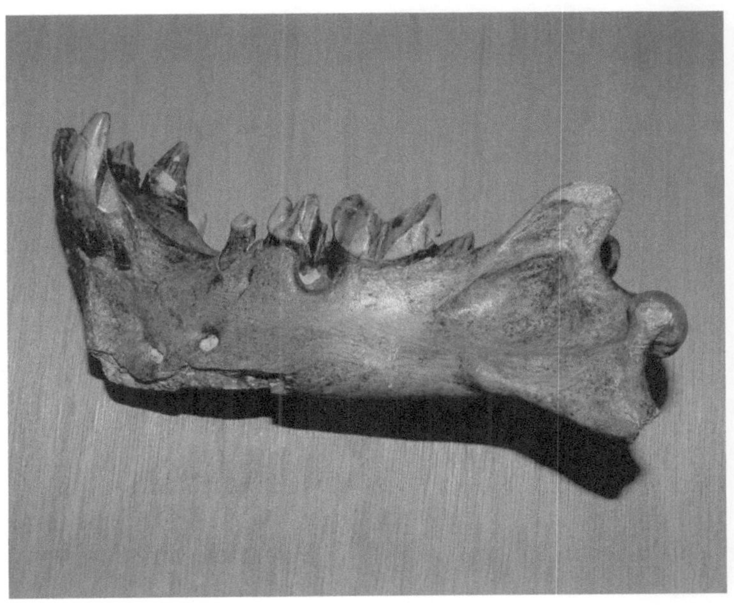

diese Säbelzahnkatze habe in kleinen Gruppen von drei fünf Tieren gejagt.

Über Säbelzahnkatzen liest man aber auch ganz anderes. Es heißt mitunter, sie wären nicht zu Verfolgungsjagden fähig gewesen, hätten im Hinterhalt auf Beutetiere gelauert oder seien mehr oder minder Aasfresser gewesen.

Auf der Webseite des deutschen Tierfilmers und Hobby-Mineralogen Hans Krause, der acht Jahre lang im Yukon (Kanada) lebte, heißt es, eine Säbelzahnkatze mit zwei Jungen im ersten Lebensjahr hätte innerhalb eines Jahres mindestens 7.268 Kilogramm Fleisch von Huftieren erbeuten müssen. Bei einer Säbelzahnkatze mit zwei Jungen im zweiten Lebensjahr hätten es innerhalb eines Jahres mindestens 12.664 Kilogramm Fleisch von Huftieren sein müssen.

Aus Asien und Europa wurden viele Arten von *Homotherium* – wie *nestianus, sainzelli, moravicum, crenatidens, latidens, nihowanensis, ultimum* – beschrieben. Diese unterscheiden sich vor allem bezüglich der Körpergröße und der Form der Eckzähne voneinander. Wenn man die Schwankungsbreite der Körpergröße heutiger Großkatzen bedenkt, ist es gut möglich, dass all diese Arten zu einer einzigen Spezies gehören. Die Diskussionen der Experten über die Gültigkeit, Herkunft, Verbreitung und das zeitliche Vorkommen verschiedener Arten der Gattung *Homotherium* wirken auf Laien sehr verwirrend.

Zu den am besten erhaltenen Funden von *Homotherium crenatidens* aus Europa gehört ein Skelett aus Senèze, einem Weiler bei Brioude (Departement Haute-Loire), südwestlich von Lyon, in Frankreich. Dieses Säbelzahnkatzen-Skelett wurde 1925 von dem Landwirt des Weilers, Pierre Philis, entdeckt und 1965 von dem französischen Paläontologen Roland Ballesio aus Lyon beschrieben.

Das Skelett von *Homotherium crenatidens* aus Senèze befindet sich heute noch in der Sammlung der Universität Claude Bernard in Lyon. Es hat eine Schulterhöhe von ca. 95 Zentimetern und eine Kopfrumpflänge von etwa 1,55 Meter. Der lange und schmale Schädel ist rund 25 Zentimeter lang, der Unterkiefer viel robuster und massiver als bei heutigen Katzen, der Hals sehr lang, der Schwanz dagegen kurz. Größer und robuster als bei einem heutigen Löwen oder Tiger sind die beiden Schulterblätter. Die Gliedmaßen wirken schlanker als bei heutigen Katzen.

In Senèze entdeckte man vor 1925 zudem ein Skelett der Dolchzahnkatze *Megantereon cultridens*. Im Naturhistorischen Museum Basel werden zahlreiche Skelette von Großsäugetieren (Säbelzahnkatze, Hirsch, Antilope, Schwein, Nashorn) aus Senèze aufbewahrt. Dies ist dem Paläontologen Hans Georg Stehlin (1870–1941), zu verdanken, der 1903 diese Fundstelle besucht und Pierre Philis dafür gewonnen hatte, für das Basler Naturhistorische Museum Fossilien zu sammeln.

Senèze befindet sich in einem ehemaligen Vulkankrater mit einem Durchmesser von ca. einem Kilometer und einer Tiefe von mehr als 280 Metern. Dieser Krater wurde teilweise mit Wasser und Schlamm gefüllt. Im Eiszeitalter vor etwa 1,8 Millionen Jahren existierte dort ein Kratersee (Maar), der im Laufe der Zeit mit Ablagerungen gefüllt wurde und verschwand. Die Fossilien von Senèze sind mehr als 1,5 Millionen Jahre alt.

Ein berühmter Fundort von Säbelzahnkatzen in Spanien ist Incarcàl bei Crespia in der Provinz Gerona (Katalonien). Dort wurden Schädel, Unterkiefer, Zähne und Skelettreste der großen Säbelzahnkatze *Homotherium crenatidens* aus dem frühen Eiszeitalter entdeckt. Diese Fossilien sollen von mindestens elf Säbelzahnkatzen aus dem frühen Pleistozän zwischen etwa 1,8 Millionen und 800.000 Jahren stammen. Zur Tierwelt von Incarcál gehörten Flusspferde *(Hippopotamus antiquus),* Südelefanten *(Mammuthus meridionalis)* und Etruskische Nashörner *(Stephanorhinus etruscus)*.

Olivola in der Region Piemont (Italien) gehört zu den Fund-

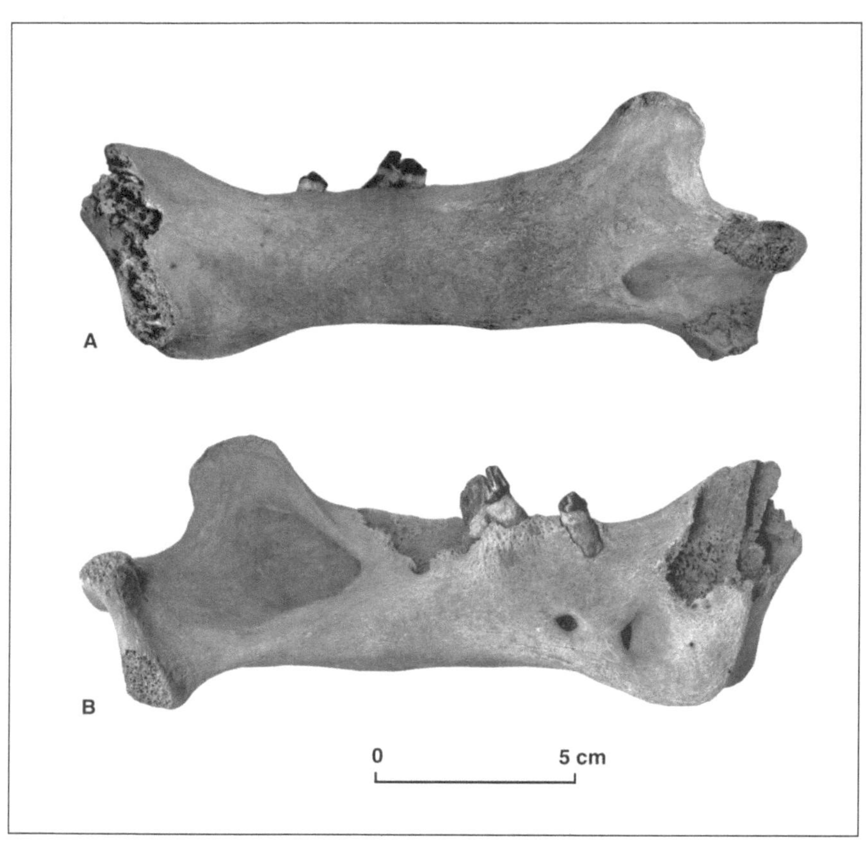

*Der etwa 28.000 Jahre alte Unterkieferast
der kleinen Säbelzahnkatze Homotherium latidens
aus der Nordsee südwestlich der Braunen Bank
auf halbem Weg zwischen IJmuiden (Niederlande)
und Lowesroft (Ostengland) gilt als
geologisch jüngster Fund einer Säbelzahnkatze
in Europa und Asien.
Dieser 16,5 Zentimeter lange Originalfund wird im
Naturhistorischen Museum Rotterdam aufbewahrt.*

orten, an denen sowohl die große Säbelzahnkatze *Homotherium crenatidens* als auch die kleine Dolchzahnkatze *Megantereon cultridens* zusammen vorkamen. Außerdem sind aus Olivola der Gepard *Acinonyx pardinensis,* der Toskanische Jaguar *Panthera onca toscana* und der Luchs *Lynx issiodorensis* nachgewiesen.

Lange glaubte man, die Gattung *Homotherium* sei in Europa bereits im Eiszeitalter vor etwa 500.000 oder 300.000 Jahren ausgestorben. Doch am 16. März 2000 wurde in der Nordsee, die im Eiszeitalter zeitweise Festland („Nordseeland") gewesen war, ein nur etwa 28.000 Jahre alter Unterkieferast der kleinen Säbelzahnkatze *Homotherium latidens* entdeckt. Dieses südwestlich der Braunen Bank auf halbem Weg zwischen IJmuiden (Niederlande) und Lowesroft (Ostengland) von dem niederländischen Kutter „UK33" aufgefischte Fossil gilt als jüngster Fund einer Säbelzahnkatze in Europa und Asien.

Das geologische Alter des Unterkieferastes aus der Nordsee wurde von Klaas van der Borg mit Hilfe der Radiocarbon-Methode im R. J. van der Graaff Laboratorium an der Universität Utrecht ermittelt. Der 16,5 Zentimeter lange, rechte Unterkieferast mit zwei erhaltenen Vorderbackenzähnen gelangte zunächst in den Besitz des niederländischen Fossiliensammlers Klaas Post aus Urk, der es großzügigerweise dem Naturhistorischen Museum in Rotterdam schenkte. Das wissenschaftlich wertvolle Fossil (NMR 9991-01695) wird in der Dauerausstellung des Museums gezeigt.

Mit dem aufsehenerregenden Fund des Säbelzahnkatzen-Unterkiefers von 2000 und vielen anderen Fossilien von Säbelzahnkatzen und Dolchzahnkatzen befassen sich die Bücher „De Sabeltand Tijger uit de Noordzee" (2007) und „The Saber-Toothed Cat of the Nordsea" (2008) der niederländischen Autoren Dick Mol, Wilrie van Logchem, Kees van Hooijdonk und Remie Bakker. Einer dieser Autoren, nämlich Remie Bakker aus Rotterdam, verwirklichte 2006 seine

*Niederländische Experten und Autoren: Mammutspezialist
Dick Mol (oben mit einem Fossilfund aus der Nordsee)
aus Hoofddorp und Katzenspezialist Wilrie van Logchem
(unten) aus Culemborg*

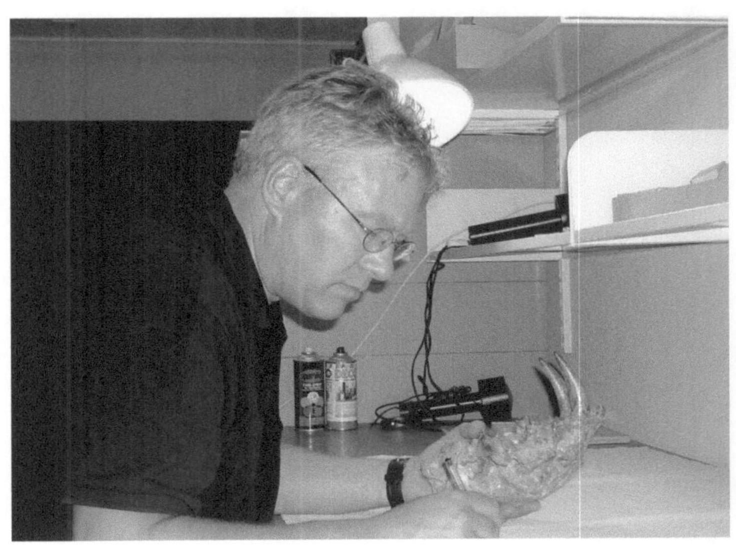

Niederländische Experten und Autoren: Katzenspezialist Kees van Hooijdonk (oben mit Kiefer von Megantereon aus Senèze) aus Rucphen und Bildhauer Remie Bakker (unten mit Fund aus der Nordsee) aus Rotterdam

Prachtband „The Saber-toothed Cat of the North Sea" (Foto oben) von Dick Mol, Wilrie van Logchem, Kees van Hooijdonk und Remie Bakker in englischer Sprache. Das Buch ist unter dem Titel „De Sabeltandtijger uit de Noordzee" auch in niederländischer Sprache erschienen.

*Modell der Säbelzahnkatze Homotherium latidens
des Bildhauers Remie Bakker aus Rotterdam (Seite 46
unten und 47), das unter Anleitung des Experten Dick Mol
entstand. Auf dem Foto unten steht die Säbelzahnkatze
einem Steppenbison (Bison priscus) gegenüber.*

*Verschiedene Ansichten des mehr als 850.000 Jahre
alten Oberarmknochen-Fragments der Säbelzahnkatze
Homotherium crenatidens vom Grund der Nordsee
vor der Küste von Ostengland. Der etwa faustgroße
Knochenrest ist 9,4 Zentimeter breit und 10,9 Zentimeter
lang. Das Fossil wurde am 12. August 2008
von dem niederländischen Fischkutter „TX1" aus Texel
vom Nordseegrund ans Tageslicht geholt.
Der Originalfund wird in der Sammlung von Bert Schagen
aus Texel (Niederlande) aufbewahrt.*

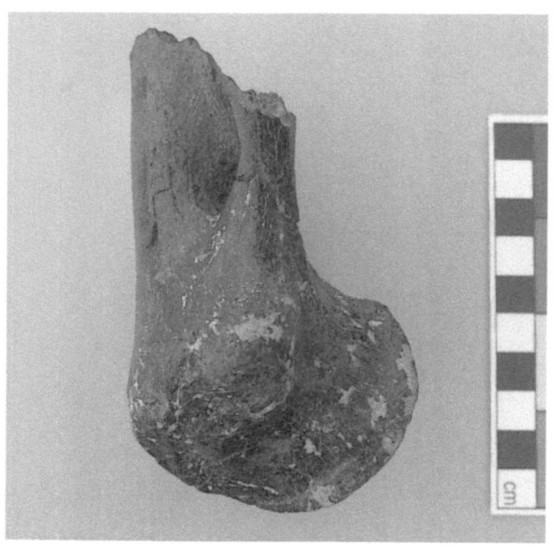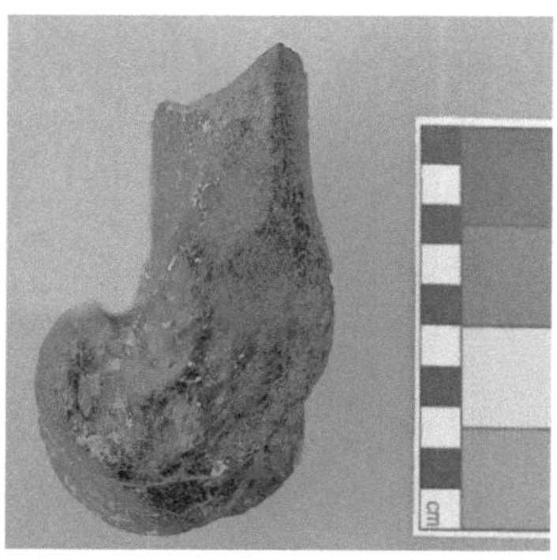

48

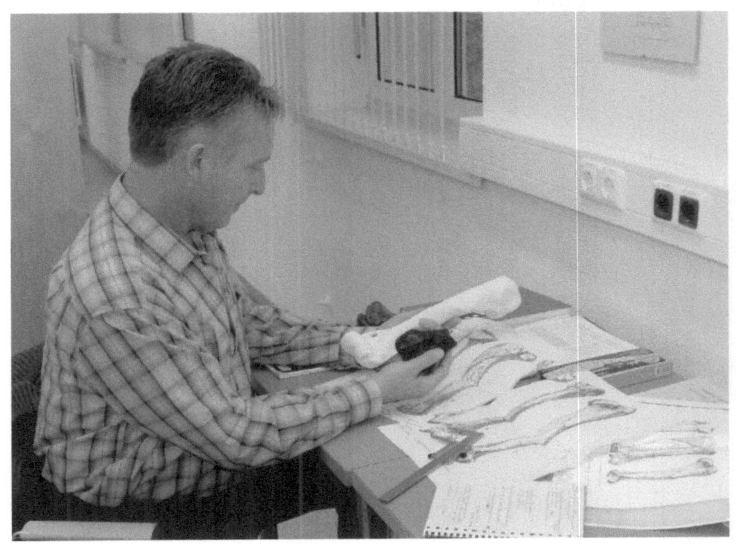

*Der niederländische Katzenspezialist Wilrie van Logchem
untersucht in der Forschungsstation für Quartärpaläontologie in Weimar Säbelzahnkatzen-Funde aus der Nordsee
und von Untermaßfeld bei Meiningen in Thüringen.*

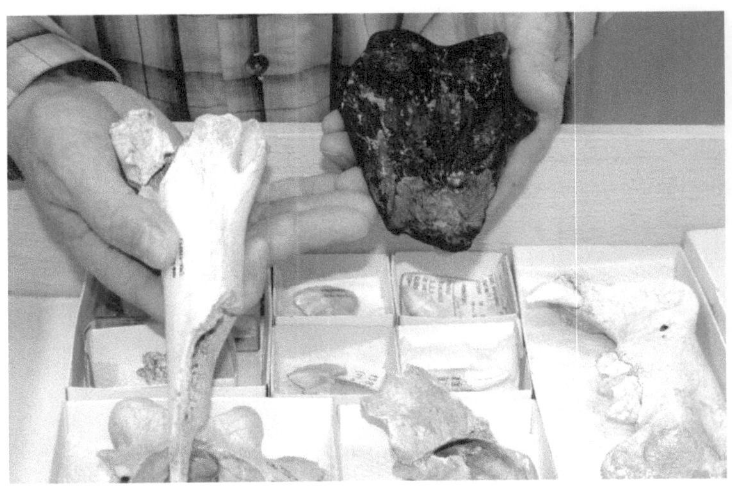

*Der Paläontologe Ralf-Dietrich Kahlke
ist Leiter der Forschungsstation
für Quartärpaläontologie in Weimar
der Senckenbergischen Naturforschenden
Gesellschaft. Im Blickpunkt der
quartärpaläontologischen Forschung
steht die Rekonstruktion der Organismenwelt
sowie der ökologischen Verhältnisse
während der globalen Klimaschwankungen
des Eiszeitalters von etwa 2,6 Millionen
bis 11.700 Jahren. In der Forschungsstation
befindet sich eine umfangreiche Sammlung
eiszeitalterlicher Säugetiere von der Fundstelle
Untermaßfeld bei Meiningen in Thüringen,
wo auch rund eine Million Jahre alte Fossilien
von Säbelzahnkatze, Dolchzahnkatze,
Gepard und Puma geborgen wurden.*

50

Idee, ein 1,07 Meter hohes und 1,88 Meter langes Modell von *Homotherium latidens* herzustellen. Dick Mol aus Hoofddorp, ein Experte für fossile Säugetiere aus dem Eiszeitalter, half ihm dabei. Bakker und Mol hatten zuvor bereits Modelle eines Wollhaar-Nashorns und eines Wollhaar-Mammuts gebaut. Die Fellfarbe des von Bakker und Mol angefertigten Modells von *Homotherim latidens* weicht von anderen Rekonstruktionen dieser Säbelzahnkatze ab. Bakker und Mol sehen *Homotherim latidens* aus dem Spätpleistozän angepasst an die Mammutsteppe: nämlich Grau gefärbt wie die Wildkatze, der Puma und der Wolf. Ein Modell von *Homotherium latidens* steht im Wohnzimmer des Bildhauers Remie Bakker, ein weiteres im Erlebnispark „Ecrodome" in Zwolle.

Am 12. August 2008 holte der niederländische Fischkutter „TX1" aus Texel vor der Küste Ostenglands ein mehr als 850.000 Jahre altes Oberarmknochen-Fragment vom linken Vorderbein einer männlichen Säbelzahnkatze der Art *Homotherium crenatidens* vom Nordseegrund. Adrie Vonk, der Eigentümer des Fischkutters „TX1", übergab den anfangs noch unidentifizierten Fund dem Fossiliensammler Bert Schagen aus Texel, der wiederum den Sammler Klaas Post, einen ehrenamtlichen Mitarbeiter des Naturhistorischen Museums Rotterdam, darüber informierte. Dick Mol und Wilrie van Logchem, der Spezialist für ausgestorbene Katzen ist, verglichen im November 2008 das Oberarmknochen-Fragment aus der Nordsee mit Fossilien von Säbelzahnkatze, Dolchzahnkatze, Gepard, Europäischem Jaguar, Eurasischem Puma und Luchs in der Sammlung der Forschungsstation für Quartärpaläontologie in Weimar der Senckenbergischen Naturforschenden Gesellschaft, die von dem Paläontologen Ralf-Dietrich Kahlke geleitet wird. Dabei gelangten sie zu der Erkenntnis, dass es sich bei dem Fund aus der Nordsee um die Säbelzahnkatze *Homotherim crenatidens* handeln muss, von der in Weimar ein beschädigter linker Oberarmknochen aus Untermaßfeld bei Meiningen in Thüringen mit

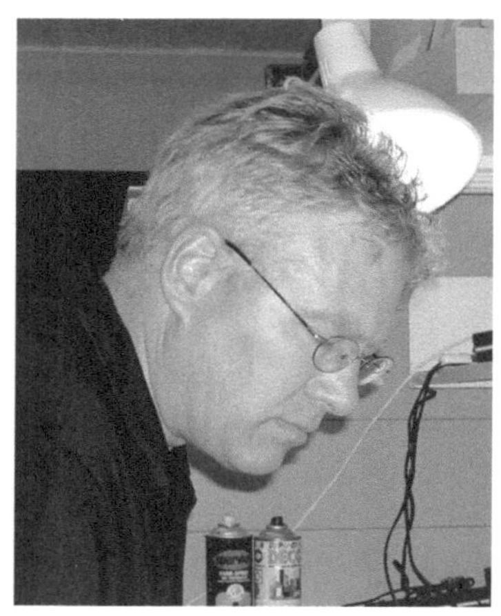

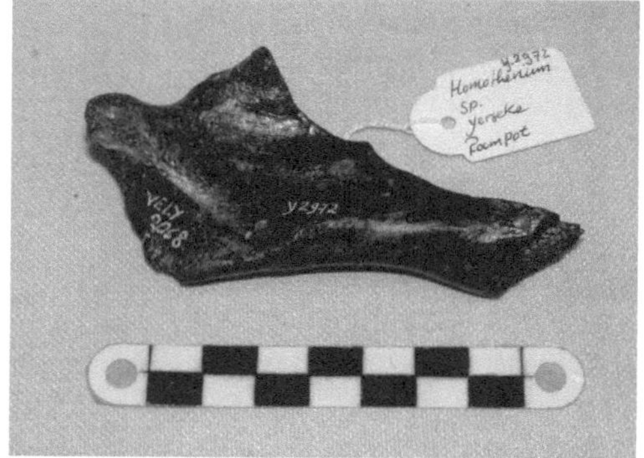

Funde der Säbelzahnkatze Homotherium crenatidens aus den Niederlanden, Originale in der Sammlung von Kees van Hooijdonk (Foto rechts oben), Rucphen

Linksoben: von einem Muschelkutter geborgenes rechtes Fersenbein (Y.336), Fundort Yerseke, Funddatum: 18. Juli 1996, Länge: 9 Zentimeter.

Mitte: Mittelhandknochen (Y.1701, Y.1394), Fundort: Yerseke, Funddatum 1999

Unten: Kieferfragment (Y.2972), Fundort Yerseke (Roompot), Funddatum: um 2000, Geschenk von Klaas Post aus Urk

einem Alter von mehr als einer Million Jahren aufbewahrt wird.

Der erste Fund einer Säbelzahnkatze der Gattung *Homotherium* in den Niederlanden wurde 1962 von dem Paläontologen Dirk Albert Hooijer (1919–1993) aus Leiden beschrieben. Dabei handelt es sich um ein Unterkieferfragment von *Homotherium crenatidens,* das einige Jahre zuvor im Fluss Oosterschelde entdeckt worden war. 1971 barg der Muschelkutter „ZZ8" in der Oosterschelde ein rechtes Fersenbeinfragment von *Homotherium.* 1999 fand der Muschelkutter „Eemshorn" ein komplettes rechtes Fersenbein von *Homotherium* in der Nordsee nördlich von Walcheren.

Im Eiszeitalter gab es vielleicht zwei Arten der Säbelzahnkatzen-Gattung *Homotherium* in Europa. Die größere und schwerere davon namens *Homotherium crenatidens* hatte eine Schulterhöhe von ca. 1,10 Meter und eine Gesamtlänge von etwa 1,90 Metern. Männliche Tiere dieser Art waren merklich größer und schwerer als die weiblichen. Dies wird als Sexualdimorphismus bezeichnet.

Männchen von *Homotherium crenatidens* erreichten – nach Angaben des Mainzer Zoologen Helmut Hemmer – ein Gewicht bis zu ca. 400 Kilogramm, Weibchen bis zu etwa 170 Kilogramm. Ein geringeres Gewicht gibt der britische Experte Alan Turner aus Liverpool an: Er spricht von etwa 120 bis 250 Kilogramm. Turner hat 1997 zusammen mit dem spanischen Illustrator Mauricio Antón das exzellente Buch „The big cats and their fossil relatives" veröffentlicht.

Ein Schädelfund von *Homotherium crenatidens* aus Perrier in der Auvergne (Departement Puy de Dôme) in Frankreich misst 30,2 Zentimeter Länge. Merklich kleiner ist ein 23,4 Zentmeter langer *Homotherium*-Schädel aus Choukutien bei Peking in China.

Die Säbelzahnkatze *Homotherium* besaß insgesamt 28 Zähne. Davon befanden sich 14 im Oberkiefer und 14 im Unterkiefer. Der linke und der rechte Ast im Oberkiefer sowie der

*Helmut Hemmer, früher als Professor
am Zoologischen Institut der Universität Mainz tätig,
ist ein renommierter Experte für fossile Katzen.
In den 1960-er und 1970-er Jahren verfasste er
grundlegende Arbeiten, die in der Folgezeit
weltweit immer wieder zitiert wurden.
2001 veröffentlichte er die Arbeit
„Die Feliden aus dem Epivillafranchium
von Untermaßfeld". Darin beschrieb er unter anderem
Funde der Säbelzahnkatze (Homotherium crenatidens),
der Dolchzahnkatze (Megantereon cultridens adroveri),
des Geparden (Acinonyx pardinensis) und –
als Erstnachweis für Deutschland –
des Puma (Puma pardoides).*

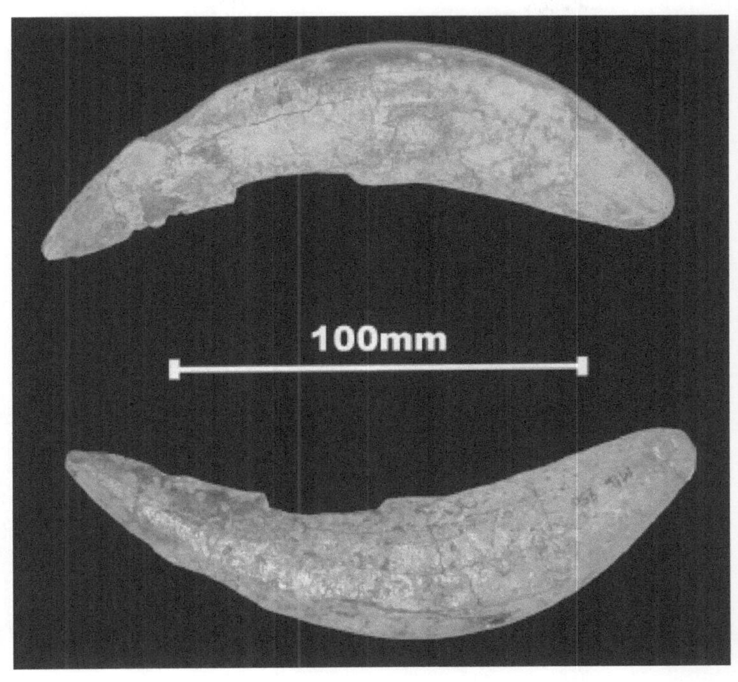

*Eckzahn der Säbelzahnkatze
Homotherium aus Milia bei Grevena
(Makedonien) in Griechenland.
Das 15,4 Zentimeter lange Fossil
wurde 2004 bei Grabungen unter Leitung
der griechischen Paläontologin
Evangelia Tsoukala aus Thessaloniki
von dem Studenten
George Lazaridis entdeckt.
In Milia sind im Sommer 2007
zwei bis zu fünf Meter lange Stoßzähne
eines Ur-Elefanten geborgen worden.
Sie gelten als die bisher
größten Stoßzähne der Welt!*

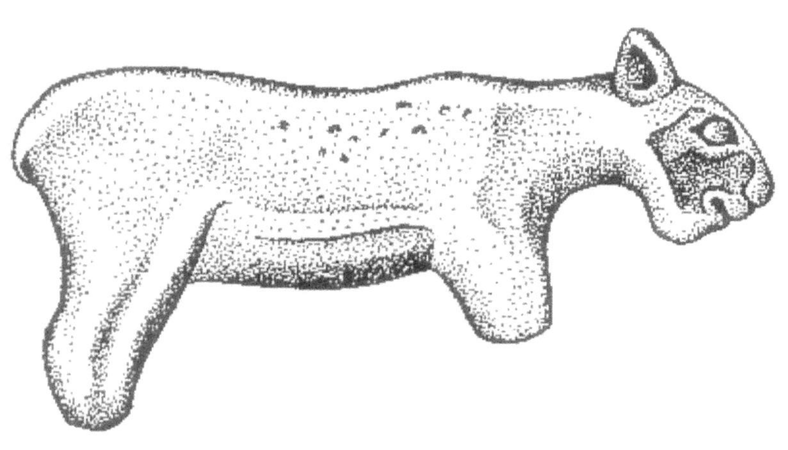

1876 in der Höhle Isturitz bei Biarritz (Frankreich) gefundene, aber bereits Anfang des 20. Jahrhunderts verschollene Tierfigur (oben). Das etwa 16 Zentimeter lange Kunstwerk aus dem späten Eiszeitalter, dessen Alter nicht genau bekannt ist, wurde 1970 von dem tschechischen Zoologen Vratislav Mazak (1937–1957) aus Prag als Darstellung der Säbelzahnkatze Homotherium (rechts) gedeutet. Mazak hatte nur eine Abbildung des Fundes aus einer Publikation des französischen Pfarrers und Archäologen Henri Breuil (1877–1961) vorgelegen.

linke und der rechte Ast im Unterkiefer verfügten über jeweils sieben Zähne. Nämlich (von vorne nach hinten gesehen) jeweils drei Schneidezähne (Incisiven), einen Eckzahn (Caninus), zwei Vorderbackenzähne (Prämolaren P3 und P4) und einen Backenzahn (Molar). Der Backenzahn (M1) im Oberkiefer ist sehr klein, weshalb er oft in der Zahnformel nicht erwähnt wird, aber anatomisch betrachtet ist es ein Molar.

Die Eckzähne von *Homotherium* sind stark gebogen, breit und sehr flach. An den Schnittflächen haben sie eine feine Zähnelung. Auch die Schnittflächen der Schneidezähne und Backenzähne weisen eine Zähnelung auf. Ein Eckzahn einschließlich Wurzel aus dem Oberkiefer von *Homotherium crenatidens* von Untermaßfeld bei Meiningen ist respektable 15,8 Zentimeter lang. Ähnlich groß ist ein 15,4 Zentimeter langer Eckzahn von *Homotherium sp.* aus Milia bei Grevena (Makedonien) in Griechenland.

Homotherium crenatidens lebte vom frühen bis zum mittleren Eiszeitalter vor schätzungsweise 2,6 Millionen bis vor etwa 300.000 Jahren in warmen und feuchten Biotopen. Nach Berechnungen des Mainzer Zoologen Helmut Hemmer jagte diese große Säbelzahnkatze erwachsene Nashörner und Flusspferde und vielleicht auch junge Elefanten.

Die kleinere und leichtere Nachfolgeart *Homotherium latidens* erreichte ein Gewicht bis zu rund 250 Kilogramm. Sie behauptete sich vom mittleren bis zum späten Eiszeitalter und hatte sich an die kalte und trockene Steppenlandschaft angepasst. Sie konnte – laut Hemmer – bis zu 2000 Kilogramm schwere Tiere bezwingen.

Der kleinen Säbelzahnkatze *Homotherium latidens* ähnelt eine in der Höhle Isturitz bei Biarritz im Departement Pyrénées-Atlantiques (Frankreich) entdeckte Tierfigur, die unterschiedlich als Höhlenlöwe oder Säbelzahnkatze gedeutet wird. Diese rund 16 Zentimeter lange Tierfigur wurde 1896 entdeckt, gilt aber seit Beginn des 20. Jahrhunderts als verschollen. Von

*Der englische Paläontologe
Richard Owen (1804–1892) aus London
beschrieb 1846
erstmals die Säbelzahnkatze
Homotherium latidens.
Bei der wissenschaftlichen Untersuchung
hatte ihm ein halbes Dutzend Eckzähne
aus der Höhle Kent's Cavern
in Devonshire (England) vorgelegen.*

ihr liegt ein Bild aus einer Publikation des französischen Pfarrers und Archäologen Henri Breuil (1877–1961) aus Paris vor. Darauf identifizierte 1970 der tschechische Forscher Vratislav Mazak (1937–1987) aus Prag die Säbelzahnkatze *Homotherium*.

Wie die Gattung *Homotherium* wurde auch die Art *Homotherium crenatidens* 1890 von dem italienischen Mediziner und Naturforscher Emilio Fabrini di Montaione erstmals beschrieben. Vorher hatte er Funde aus dem Arnotal in der Toskana, die im Paläontologischen Museum der Unversität Florenz aufbewahrt werden, wissenschaftlich untersucht.

Die erste Beschreibung der Art *Homotherium latidens* erfolgte 1846 durch den englischen Paläontologen Richard Owen (1804–1892) aus London in dessen Werk „History of British Mammals and Birds". Er hatte ein halbes Dutzend Eckzähne aus der Höhle Kent's Cavern (Kent's Hole) in Devonshire (England) untersucht und als *Machairodus latidens* bezeichnet. Zuvor hatte der englische Gelehrte William Buckland (1784–1856) bereits auf die Ähnlichkeit dieser Eckzähne mit Funden aus dem Arnotal in der Toskana (Italien) und aus Deutschland (Eppelsheim) hingewiesen.

Im Gegensatz zu anderen Experten vermutet der britische Wissenschaftler Alan Turner aus Liverpool, in Europa habe während des Eiszeitalters – also in der Zeitspanne vor ca. 2,6 Millionen bis vor etwa 11.700 Jahren – nur eine einzige Art der Säbelzahnkatzen existiert. Dabei handelt es sich nach seiner Ansicht um *Homotherim latidens*.

Die russische Paläontologin Marina Sotnikova aus Moskau glaubt, dass es sich bei der im Epi-Villafranchium (etwa 1,2 Millionen bis 900.000 Jahre) in Europa existierenden Säbelzahnkatze nicht mehr um *Homotherium crenatidens* handelt, sondern um eine frühe Großform von *Homotherium latidens*. Das Epi-Villafranchium wurde 2007 von dem Weimarer Paläontologen Ralf-Dietrich Kahlke neu definiert. Ihm ging das bereits 1865 von dem italienischen Geologen Lorenzo Pareto

(1800–1865) definierte Villafranchium (etwa 5,3 Millionen
bis 1,2 Millionen Jahre) voraus.

Die widersprüchlichen Ansichten der Experten haben dazu
geführt, dass die in der Literatur als *Homotherium crenatidens*
erwähnten geologisch älteren Säbelzahnkatzen teilweise als
Homotherium latidens bezeichnet werden. In diesem Taschenbuch wird weiterhin – wenn möglich – zwischen der älteren
und großen Art *Homotherium crenatidens* sowie der jünge-
ren und kleinen Art *Homotherium latidens* unterschieden.

Reste von *Homotherium* hat man auch in Deutschland entdeckt. Über eine Million Jahre alt ist die bei Untermaßfeld
nahe Meiningen in Thüringen nachgewiesene Säbelzahnkatze
Homotherium crenatidens. Nach Ansicht des Mainzer Zoologen Helmut Hemmer war diese Raubkatze mit einem Gewicht von schätzungsweise 210 bis 400 Kilogramm größer
als ein heutiger Sibirischer Tiger.

Die Tierwelt von Untermaßfeld gehört in den so genannten
Bavelium-Komplex (etwa 1,07 Millionen bis 990.000 Jah-
re), auch als Bavel-Komplex oder Bavelium bezeichnet. Das
Bavelium wurde 1983 von dem niederländischen Geologen
Waldo H. Zagwijn und dem Palynologen Jan de Jong, beide
am Rijksgeologischen Dienst in Harlem tätig, beschrieben.

Die etwa eine Million Jahre alten Funde aus dem Flussbett
der Ur-Werra bei Untermaßfeld ermöglichen faszinierende
Einblicke in die Tierwelt des Bavelium. Bei den Ausgrabungen des Weimarer Paläontologen Ralf-Dietrich Kahlke kamen Reste ungewöhnlich vieler Tiere zum Vorschein, die bei
Hochwasser ums Leben gekommen waren. In diesem eiszeitlichen Leichenfeld lagen Fossilien vom Flusspferd (*Hippopotamus amphibius antiquus*), Südelefanten (*Mammuthus
meridionalis*), der Dolchzahnkatze (*Megantereon cultridens
adroveri),* der Säbelzahnkatze *Homotherium crenatidens*),
vom Europäischen Jaguar (*Panthera onca gombaszoegensis*),
Puma (*Puma pardoides*), Gepard (*Acinonyx pardinensis
pleistocaenicus*), Luchs (*Lynx issiodorensis*), der Hyäne

(*Pachycrocuta brevirostris*) und vom Makaken (*Macaca sylvanus*).

Die Fundstelle bei Untermaßfeld gilt als die mit Abstand wichtigste und reichhaltigste ihrer Zeitstellung in Europa. Insgesamt wurden mehr als 15.000 Wirbeltierreste (davon etwa 4000 von Kleinsäugern) von rund 100 Arten geborgen. Darunter befinden sich spektakuläre Entdeckungen. Die Flusspferde aus Untermaßfeld gelten als die größten aller Zeiten. Weitere Raritäten sind der früheste Jaguar und Gepard aus Deutschland. Zudem entdeckte man bei Untermaßfeld neue Tierarten wie den *Bison menneri*, das Reh *Capreolus cusanoides*, den großen Hirsch *Eucladoceros giulii*, das Wildpferd *Equus wuesti* und den Bären *Ursus rodei*. *Bison menneri* ist mit einer Schulterhöhe von 1,78 Meter der größte Bison aller Zeiten.

Der eigenständige Charakter, die Vollständigkeit und die gute Überlieferungsqualität der Untermaßfelder Säugetierfossilien haben Ralf-Dietrich Kahlke 2007 bewogen, für die Zeit vor etwa 1,2 Millionen bis 900.000 Jahren den Begriff Epi-Villafranchium vorzuschlagen.

Ähnlich alt wie die Fauna aus der Gegend von Untermaßfeld ist die Tierwelt vom Fischgrund Het Gat südöstlich der Braunen Bank in der Nordsee. Fischer hatten dort bereits 1874 Knochen eiszeitlicher Säugetiere entdeckt.

Säbelzahnkatzen-Fossilien von *Homotherium crenatidens* aus den Mosbach-Sanden von Wiesbaden in Hessen und den Mauerer Sanden von Mauer bei Heidelberg in Baden-Württemberg sind rund 600.000 Jahre alt.

Bei den Mosbach-Sanden handelt es sich um Flussablagerungen des eiszeitlichen Mains, der damals weiter nördlich als heute in den Rhein mündete, des Rheins und von Taunusbächen. Der Name Mosbach-Sande erinnert an das einst zwischen Wiesbaden und Biebrich liegende Dorf Mosbach, wo man schon 1845 in etwa zehn Meter Tiefe erste eiszeitliche Großsäugerreste entdeckte.

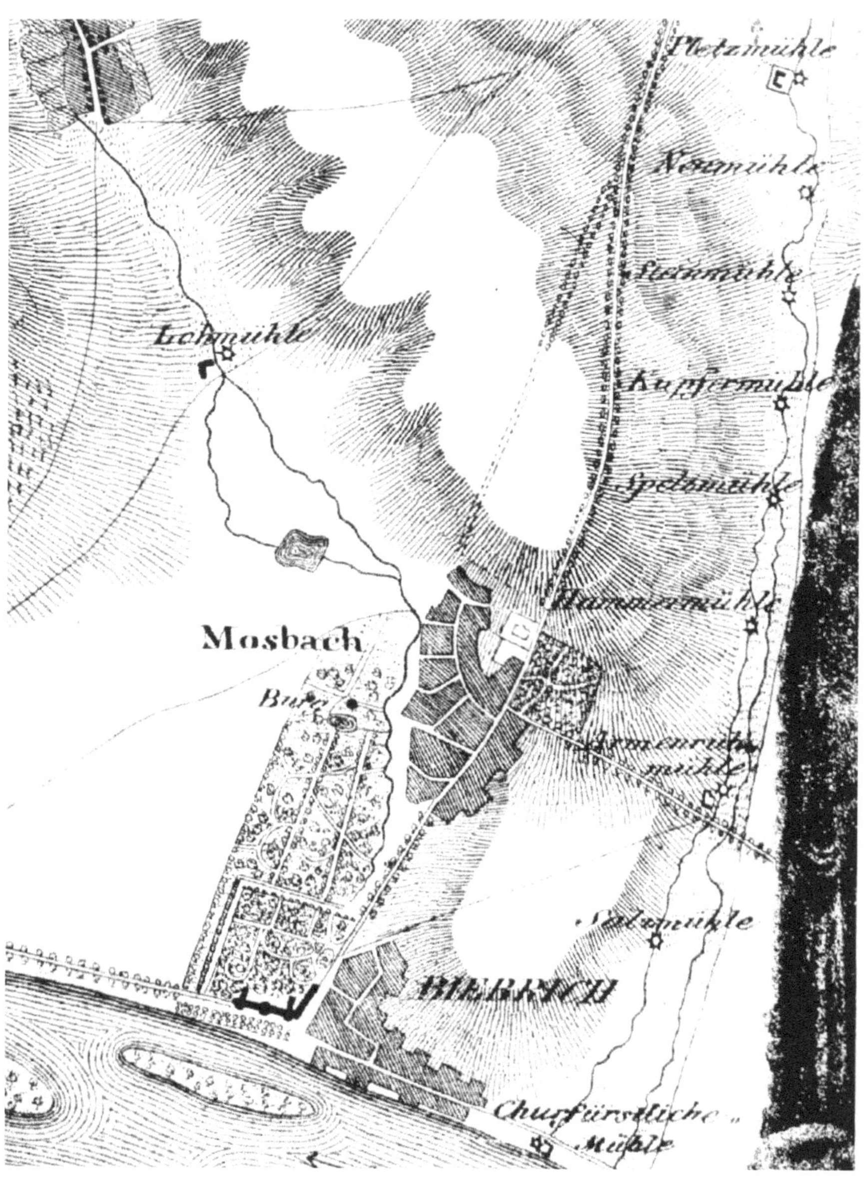

Dörfer Mosbach und Biebrich auf einem Plan von 1819.
Alle Bilder auf den Seiten 62 und 63
stammen aus dem Heimatmuseum Biebrich.

Dorf Mosbach bei Wiesbaden auf einem Gemälde von 1815

Wasserturm und Sandgrube auf der Adolfshöhe in Biebrich um 1900. Beim Abbau von Sand fand man Zähne und Knochen von Tieren aus dem Eiszeitalter.

*Die Paläontologin Gerda Schütt
(1931–2007) – auf diesem Foto zusammen
mit dem Skelett eines Höhlenbären
(Ursus spelaeus) abgebildet –
machte sich um die Erforschung
von Raubtieren aus dem Eiszeitalter verdient.
Für die Mosbach-Sande in Wiesbaden
zum Beispiel führte sie
Erstnachweise für die Säbelzahnkatze
(Homotherium crenatidens),
den Gepard (Acinonyx pardinensis) –
und zusammen mit dem
Mainzer Zoologen Helmut Hemmer –
für den Europäischen Jaguar
(Panthera onca gombaszoegensis).
1969 beschrieb Gerda Schütt von ihr
untersuchte Säbelzahnkatzen-Fossilien
aus Mauer bei Heidelberg.*

Der Paläontologe Thomas Keller
neben einem bereits im Fundlage
eingegipsten Fossil
aus den Mosbach-Sanden von Wiesbaden.
Die Mosbach-Sande sind
nach dem ehemaligen Dorf Mosbach
zwischen Wiesbaden und Biebrich benannt.
Dort hat man schon 1845
in etwa zehn Meter Tiefe erstmals
eiszeitalterliche Großsäugerreste
entdeckt. Aus den Mosbach-Sanden sind
die Säbelzahnkatze Homotherium crenatidens,
der bis zu 3,60 Meter lange Mosbacher Löwe,
der Europäische Jaguar und der Gepard
nachgewiesen. Um die Erforschung
der Mosbach-Sande und deren
fossile Tierwelt hat sich Thomas Keller
verdient gemacht.

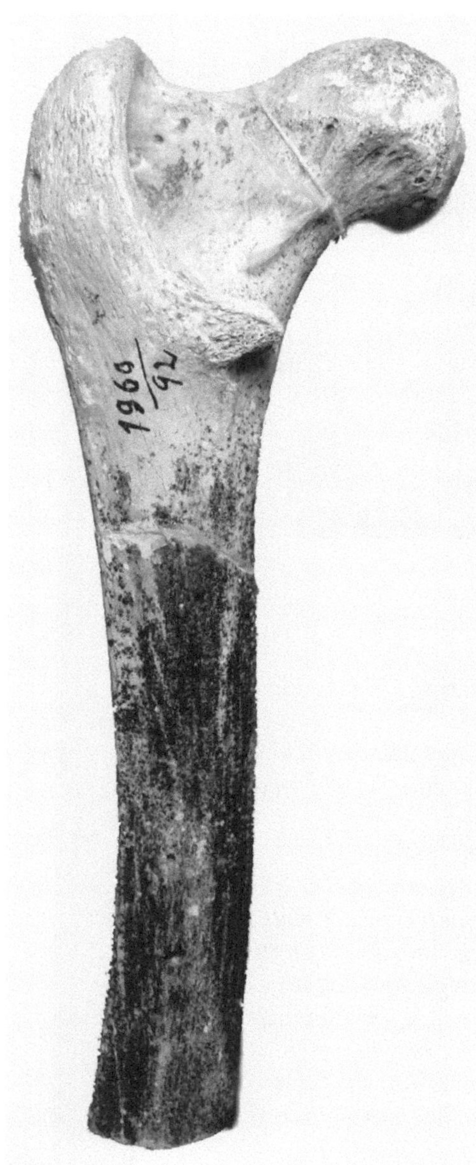

Fund aus dem Jahr 1960:
Oberschenkelknochen
der Säbelzahnkatze
Homotherium crenatidens
aus den etwa 600.000 Jahre
alten Mosbach-Sanden
in Wiesbaden.
Länge: 20,5 Zentimeter.
Originalfund
(Inventarnummer MNHM
PW 1960/92)
im Naturhistorischen
Museum Mainz
In den Mosbach-Sanden
wurden 1950 auch ein
Oberarmbeinfragment und
1963 ein Mittelhandknochen
der Säbelzahnkatze
Homotherium entdeckt.
Auch diese Funde liegen im
Naturhistorischen Museum
Mainz.

Ein 1963 entdeckter Mittelhandknochen aus den Mosbach-Sanden stammt von der Säbelzahnkatze *Homotherium crenatidens*. Dieser seltene Fund wurde 1970 von der Paläontologin Gerda Schütt (1931–2007) identifiziert und publiziert. Im Nachtrag ihrer Arbeit erwähnte sie, dass während der Drucklegung zwei weitere Knochen aus den Mosbach-Sanden als zu *Homotherium* gehörig erkannt wurden: ein Oberarmknochenfragment (MNHM 1950/298) und ein Oberschenkelfragment (MNHM PW 1960/92). Diese drei Originalfunde werden im Naturhistorischen Museum Mainz aufbewahrt.

Zwei Eckzähne, ein Zahnfragment, drei Mittelhandknochen, drei Oberschenkelknochen, einen in vier Teile zerbrochenen Schienbeinknochen, eine Elle und einen Handwurzelknochen der Säbelzahnkatze *Homotherium crenatidens* hat man in Mauer bei Heidelberg entdeckt. Davon sind nur für einen Eckzahn (1929) und für zwei Mittelhandknochen (1931) das Funddatum bekannt. Die Originalfunde liegen im Staatlichen Museum für Naturkunde Karlsruhe und im Staatlichen Museum für Naturkunde Stuttgart. Mauer ist der weltbekannte Fundort des rund 600.000 Jahre alten Unterkiefers des so genannten Heidelberg-Menschen (*Homo erectus heidelbergensis* bzw. *Homo heidelbergensis*).

Aus Weimar-Süßenborn in Thüringen liegt ein Vorderbackenzahn des linken Oberkieferastes der Säbelzahnkatze *Homotherium* sp. vor. Die Tierwelt von Weimar-Süßenborn ist – nach Angaben des Weimarer Paläontologen Lutz Maus – etwas mehr als 600.000 Jahre alt. Der Vorderbackenzahn könnte also von *Homotherium crenatidens* stammen.

Ein Alter von etwa 500.000 Jahren haben der Schädel eines Jungtieres, der Unterkiefer eines erwachsenen Tieres und vier fragmentarisch erhaltene Eckzähne der Säbelzahnkatze *Homotherium crenatidens*, die von Ulrich H. J. Heidtke aus Niederkirchen (Pfalz) um 1980 in der Spaltenfüllung 11 im Kalksteinbruch bei Neuleiningen nahe Grünstadt in Rheinland-Pfalz entdeckt wurden. Die dort gefundenen Raubtiere

Schädel eines Jungtieres (oben) und Unterkiefer eines erwachsenen Tieres (unten) der Säbelzahnkatze Homotherium crenatidens aus der Spaltenfüllung 11 im Kalksteinbruch bei Neuleiningen nahe Grünstadt in Rheinland-Pfalz. Originale im Pfalzmuseum für Naturkunde, Bad Dürkheim, und in der Sammlung von Ulrich H. J. Heidtke, Niederkirchen (Pfalz)

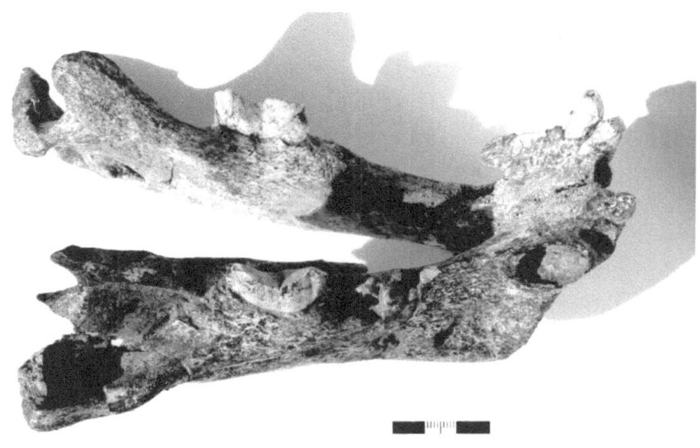

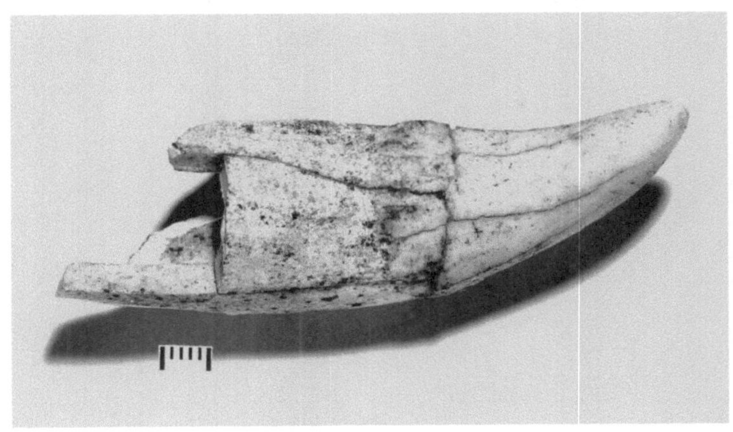

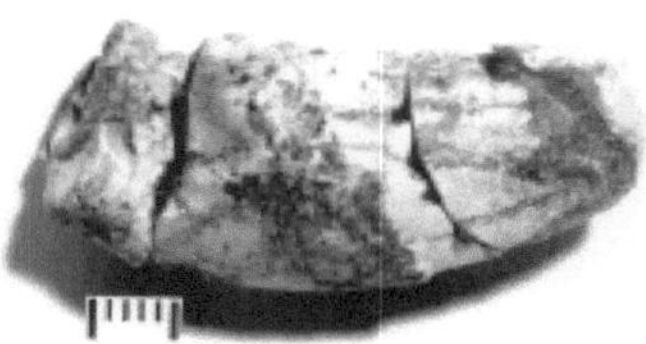

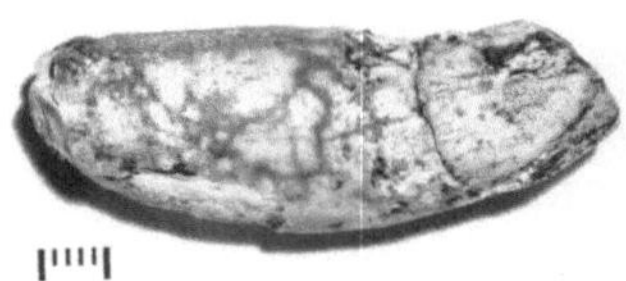

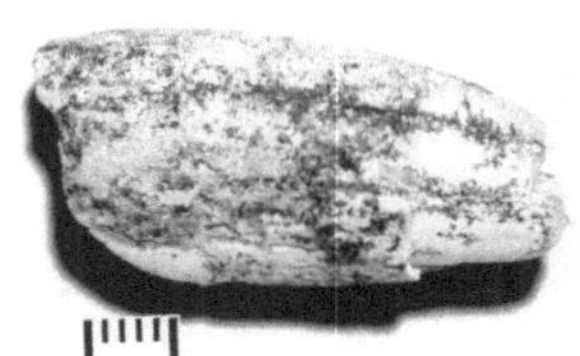

Eckzähne (Caninen)
der Säbelzahnkatze
Homotherium crenatidens
aus der Spaltenfüllung 11
im Kalksteinbruch
bei Neuleiningen
nahe Grünstadt
in Rheinland-Pfalz.
Diese Zähne stammen
aus dem Eiszeitalter
vor etwa 500.000 Jahren.
Der größte der hier
abgebildeten Eckzähne
hat eine erhaltene
Gesamtlänge von
7,2 Zentimetern.
Originale in der Sammlung
von Ulrich H. J. Heidtke,
Niederkirchen (Pfalz)
Maßstab auf den Fotos:
5 Millimeter.

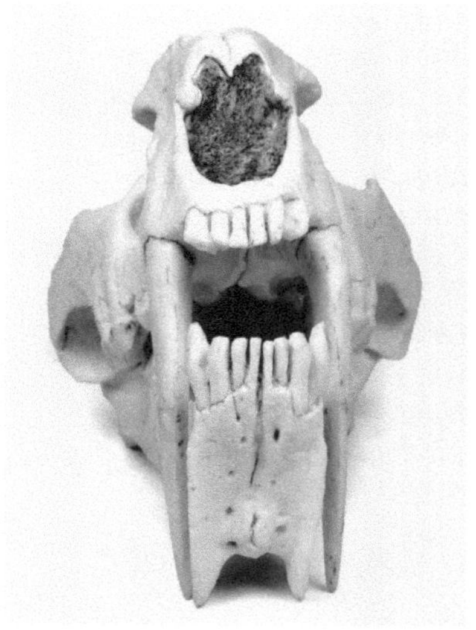

*Replik eines Schädels
der Säbelzahnkatze
Homotherium crenatidens
aus dem Urzeitshop
mit der Internetadresse
www.urzeitshop.de
von Miron Seffzek
aus Duvensee.
Maße des Schädels:
36,5 Zentimeter Länge,
16,5 Zentimeter Höhe
bei geschlossenem Maul,
13 Zentimeter Breite.*

Zu Lebzeiten des Steinheim-Menschen
vor etwa 300.000 Jahren
existierte die Säbelzahnkatze
Homotherium latidens.
Ein fragmentarisch erhaltener
oberer Eckzahn dieser Raubkatze
wurde 1956 in Steinheim an der Murr
(Kreis Ludwigsburg) in
Baden-Württemberg gefunden.
Dort hat am 24. Juli 1933
in der Sandgrube Sigrist den Schädel
einer Frau entdeckt,
die man vielleicht erschlagen hatte.

wurden allesamt von Gérard de Beaumont vom Naturhistorischen Museum in Genf untersucht und bestimmt. Der Schädel der jungen Säbelzahnkatze aus der Gegend von Neuleiningen dokumentiert den Zahnwechsel von der Milchbezahnung zur definitiven Bezahnung und wird im Pfalzmuseum für Naturkunde in Bad Dürkheim aufbewahrt. Der Unterkiefer und vier Eckzähne mit einer erhaltenen Gesamtlänge bis zu 7,2 Zentimetern befinden sich in der Sammlung Ulrich H. J. Heidtke, Niederkirchen (Pfalz).

Ein merklich geologisch jüngeres Alter hat ein fragmentarisch erhaltener oberer Eckzahn der kleinen Säbelzahnkatze *Homotherium latidens* aus Steinheim an der Murr (Kreis Ludwigsburg) in Baden-Württemberg. Er kam 1956 in einer etwa 300.000 Jahre alten Schicht zum Vorschein und wurde 1961 von dem Paläontologen Karl Dietrich Adam als *Homotherium* sp. publiziert. Steinheim an der Murr ist der berühmte Fundort des so genannten Steinheim-Menschen, von dem am 24. Juli 1933 in der Sandgrube Sigrist der Schädel einer Frau entdeckt wurde, die man vielleicht erschlagen hatte.

Schätzungsweise 220.000 bis 400.000 Jahre alt sollen Funde von Zähnen und Knochen der Säbelzahnkatze *Homotherium latidens* aus einer Höhle in der Gegend von Artenac bei Angoulême in Frankreich sein. Diese Höhle könnte für große Säugetiere – wie Elefanten, Wildrinder, Wildpferde und Hirsche – zur tödlichen Falle geworden sein und verschiedene Raubtiere angelockt haben.

Auch in Österreich hat man Reste der Säbelzahnkatze *Homotherium* geborgen. Aus einer Spaltenfüllung bei Hundsheim in der Gegend von Deutsch-Altenburg in Niederöstereich ist die aus Böhmen bekannte Art *Homotherium moravicum* durch den Fund eines Fingergliedes nachgewiesen. An der Fundstelle Deutsch-Altenburg 1 in Niederösterreich entdeckte man die erstmals aus Frankreich beschriebene Art *Homotherium sainzelli*, die heute als Synonym von *Homotherium crenatidens* gilt.

Bei *Homotherium* waren die Vorderbeine länger als die Hinterbeine. Der deswegen nach hinten abfallende Körper, die dünnen Beine und der verhältnismäßig lange Hals verliehen dieser Säbelzahnkatze ein hyänenartiges Aussehen. Wie Bären und der Mensch trat *Homotherium* mit der ganzen Sohle auf (Sohlengänger) anstatt nur mit den Zehen (Zehengänger) wie die meisten Katzen.

Homotherium gehörte zu den Säbelzahnkatzen, deren Eckzähne an Krummsäbel erinnerten. Diese Raubkatze trug kürzere, flachere Eckzähne als andere Arten der Säbelzahnkatzen. Und ihre Eckzähne waren wie ein Krummsäbel nach hinten gebogen. Das Fell von *Homotherium* könnte als Anpassung an die Gegebenheiten des Eiszeitalters wie bei modernen arktischen Fleischfressern weißlich bis hellgrau gefärbt gewesen sein.

Die Säbelzahnkatze *Homotherium* war ein gefürchteter Feind von Vormenschen *(Australopithecus)* und Frühmenschen *(Homo erectus)*. Ein Gemälde des tschechischen Malers Zdenek Burian (1905–1981) zeigt eine dramatische Begegnung zwischen Frühmenschen und einer Säbelzahnkatze. Die große Raubkatze steht bereits mit der rechten Pranke und weit aufgerissenem Maul auf einem liegenden Frühmenschen, dessen Begleiter flüchten.

Begegnungen mit Säbelzahnkatzen dürften noch für den Heidelberg-Menschen vor rund 600.000 Jahren lebensgefährlich gewesen sein. Denn diese Frühmenschen verfügten – nach den Funden zu urteilen – immer noch über keine wirkungsvollen Waffen. Stoßlanzen und Wurfspeere standen vermutlich erst zwischen etwa 400.000 und 300.000 Jahren zur Verfügung, wie Funde von acht ca. 1,80 bis zu 2,50 Meter langen Speeren im Baufeld Süd des Braunkohletagebaus Schönfeld (Landkreis Helmstedt) in Niedersachsen belegen.

Spätestens zwischen etwa 400.000 und 300.000 Jahren also hat sich die Lage zugunsten der Menschen verändert. Nun gehörte beispielsweise der riesige Mosbacher Löwe mit ei-

Auch die Neandertaler – oben bei der lebensgefährlichen Jagd auf Höhlenbären – und die frühen Jetztmenschen (unten) sind noch Säbelzahnkatzen der kleinen Art Homotherium latidens begegnet.

ner imposanten Gesamtlänge bis zu 3,60 Metern bereits zur Jagdbeute von Frühmenschen *(Homo erectus bilzingsle-benensis),* wie als Speiseabfälle gedeutete Reste bei Ausgrabungen in Bilzingsleben (Kreis Artern) in Thüringen bezeugen. Auch Begegnungen zwischen Frühmenschen und Säbelzahnkatzen dürften nun dank Waffen oft anders als früher verlaufen sein.

Die kleine Säbelzahnkatze *Homotherium latidens* war ein Zeitgenosse des Höhlenlöwen *(Panthera leo spelaea).* Wenn es zu einem Kampf zwischen der Säbelzahnkatze und einem Höhlenlöwen kam, zog Erstere wohl den Kürzeren. Denn die Säbelzahnkatze besaß eine schwächere Statur, ein niedrigeres Gewicht, weniger Muskelkraft, kleinere Klauen und fragilere Zähne als der Höhlenlöwe.

Natürlich haben auch Neandertaler *(Homo sapiens neanderthalensis)* und frühe Jetztmenschen *(Homo sapiens sapiens)* die kleine Säbelzahnkatze *Homotherium latidens* gekannt. Indizien hierfür sind die erwähnte Tierfigur aus der Höhle Isturitz bei Biarritz (Frankreich) und ein Eckzahn von *Homotherium latidens* aus der Robin Hood Cave (England) mit angeblichen Spuren menschlicher Bearbeitung an der Wurzel. Dieser Eckzahn könnte als Schmuckstück oder Amulett gedient haben.

1999 brachte die Post von Antigua und Barbuda, einem Staat auf den Westindischen Inseln, eine Briefmarke heraus, auf der die Säbelzahnkatze *Homotherium serum* aus Amerika abgebildet wurde. 2006 durften viele Briten die Säbelzahnkatze *Homotherium latidens* im Kleinformat bewundern. Damals erschien in Großbritannien eine Briefmarke mit einem Bild dieser Raubkatze, die in England durch Funde aus dem Eiszeitalter nachgewiesen ist.

Funde von Säbelzahnkatzen und Dolchzahnkatzen aus aller Welt (Auswahl)

*Lebensechtes Modell der Säbelzahnkatze
Megantereon cultridens
auf Basis des Skelettfundes aus Senèze (Frankreich)
im Naturhistorischen Museum Wien.
Das Modell hat eine Schulterhöhe von ca. 70 Zentimetern,
eine Länge von etwa 1,10 Meter
sowie einen rund 20 Zentimeter langen Schwanz.*

A

Ägypten:
Wadi-el-Natrun: *Machairodus* cf. *aphanistus*

Argentinien:
Barranqueras: *Smilodon populator*
Lujan: *Smilodon populator*
Paso Otero-Verde: *Smilodon fatalis*

Äthiopien:
Middle Awash – Adu-Asa: *Machairodus* sp.

B

Bolivien:
Nuapua 1, Chuquisaca: *Smilodon populator*
Tarija: *Smilodon populator*

Brasilien:
Garrincho: *Smilodon populator*
Lagoa Santa (Minas Gerais): *Smilodon*
Mostardas: *Smilodon populator*
Toca da Boa Vista: *Smilodon populator*
Toca da Cima dos Pilao: *Smilodon populator*
Toca da Janela da Barro do Antoniao: *Smilodon populator*

Bulgarien:
Slivnitsa: *Homotherium crenatidens*

C

China:

Baode (Provinz Shansi): *Megantereon*
Choukutien bei Peking: *Megantereon*
Guanghe Formation (Provinz Gansu): *Machairodus giganteus*
Lufeng (Provinz Yunnan): *Machairodus fires*
Nantan, Hohsien, Upper Red Clays (Provinz Shansi): *Machairodus palanderi*
Nihowan (Provinz Shansi): *Megantereon nihowanensis*
Songshan, Tianzu (Provinz Gansu): *Machairodus* sp.
Tung Gur (Innere Mongolei): *Machairodus* sp.
Yushe (Provinz Shansi): *Megantereon*

D

Deutschland:

Dorn-Dürkheim in Rheinhessen (Rheinland-Pfalz):
Machairodus cf. *aphanistus, Paramachairodus ogygius
(nach anderer Schreibweise Paramachairodus ogygia),
Paramachairodus orientalis*
Eppelsheim in Rheinhessen (Rheinland-Pfalz):
Machairodus aphanistus, Paramachairodus ogygius
Esselborn in Rheinhessen (Rheinland-Pfalz):
Paramachairodus ogygius
Gau-Weinheim in Rheinhessen (Rheinland-Pfalz):
Machairodus sp.
Höwenegg bei Immendingen/Donau (Baden-Württemberg):
Machairodus aphanistus
Mauer bei Heidelberg (Baden-Württemberg): *Homotherium
crenatidens*
Melchingen, heute ein Stadtteil von Burladingen (Baden-
Württemberg): *Machairodus aphanistus*
Mosbach in Wiesbaden (Hessen): *Homotherium crenatidens*
Neuleiningen bei Grünstadt (Rheinland-Pfalz): *Homotherium
crenatidens*
Randersacker bei Würzburg (Bayern): *Homotherium* sp.
Steinheim an der Murr (Baden-Württemberg): *Homotherium
latidens*
Untermaßfeld bei Meiningen (Thüringen): *Homotherium
crenatidens, Megantereon cultridens adroveri (Megantereon
whitei)*
Voigtstedt im Harzvorland (Thüringen): *Homotherium
moravicum*
Weimar-Süßenborn: *Homotherium crenatidens*
Wissberg bei Gau-Weinheim in Rheinhessen (Rheinland-
Pfalz): *Paramachairodus ogygius*

E

England:
Dove Holes bei Buxton (Derbyshire): *Homotherium crenatidens*
Kent's Cavern (Torquai): *Homotherium latidens*
Kessingland (Suffolk): *Homotherium*
Nordsee vor Ostengland: *Homotherium crenatidens*
Pakefield (Suffolk): *Homotherium*
Robin Hood Cave in den Creswell Crags (Derbyshire): *Homotherium latidens*
Sidestrand (Norfolk): *Machairodus* sp.
Westbury-sub-Mendip (Somerset): *Homotherium crenatidens*
West Runton (Norfolk): *Homotherium*

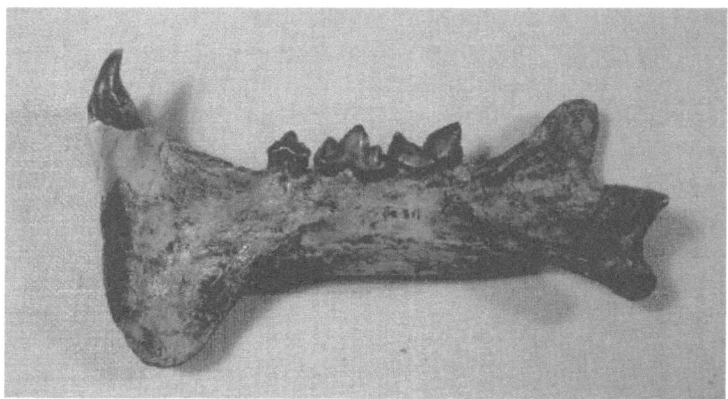

Unterkiefer der Dolchzahnkatze Megantereon cultridens aus Senèze in Frankreich. Original im Naturhistorischen Museum Basel

F

Frankreich:

Abbeville, Flussterrasse der Somme, Pas de Calais, Region Picardie (Somme): *Homotherium latidens*

Artenac bei Angoulême (Charente): *Homotherium latidens*

Blassac-la-Gironde in der Auvergne (Haute Loire): *Megantereon cultridens*

Cajarc (Lot): *Homotherium* sp.

Chilhac im Zentralmassiv (Haute Loire): *Homotherium crenatidens, Megantereon cultridens*

La Baume (Haute-Savoie): *Homotherium latidens*

La Roche-Lambert, Saint Paulien (Haute Loire): *Homotherium crenatidens*

Le Coupet, Mazeyrat d'Allier (Haute Loire): *Homotherium crenatidens*

Montmaurin (Haute-Garonne): *Homotherium latidens*

Montredon (Hérault): *Machairodus aphanistus*

Perrier-Etouaires in der Auvergne (Puy de Dôme): *Megantereon cultridens, Homotherium crenatidens*

Perrier-Pardines in der Auvergne (Puy de Dôme): *Megantereon cultridens, Homotherium crenatidens*

Perrier-Roccaneyra in der Auvergne (Puy de Dôme): *Homotherium*

Saint Vallier (Dróme): *Megantereon cultridens, Homotherim crenatidens*

Sainzelles, Polignac (Haute Loire): *Homotherium crenatidens*

Senèze im Zentralmassiv (Haute Loire): *Homotherium crenatidens, Megantereon cultridens*

Soblay (Ain): *Machairodus aphanistus*

Villeneuve-sur-Lot, Region Aquitaine (Lot-et-Garonne): *Homotherium latidens*

G

Georgien:
Akhalkalaki: *Homotherium crenatidens*
Calka: *Homotherium* sp.
Dmanisi: *Homotherium crenatidens, Megantereon whitei*
Kvabebi bei Signakhi: *Homotherium*

Griechenland:
Appolonia 1 (Makedonien): *Megantereon whitei,
Homotherium*
Halmyropotamos auf der Insel Euböa: *Machairodus
aphanistus*
Kalamotó (Makedonien): *Homotherium crenatidens*
Livakos (Makedonien): *Homotherium* sp.
Makinia (Westgriechenland): *Megantereon cultridens*
Milia bei Grevena (Makedonien): *Homotherium*
Petralona auf der Halbinsel Chaldiki (Makedonien):
Homotherium, Megantereon
Pikermi bei Athen: *Machairodus giganteus,
Paramachairodus orientalis, Paramachairodus ogygius*
Saloniki (Makedonien): *Machairodus aphanistus*
Samos (Insel vor der kleinasiatischen Küste): *Machairodus
giganteus*
Sésklon (Thessalien): *Homotherium crenatidens*
Vatera auf der Insel Lesbos: *Homotherium crenatidens*
Thermopigi: *Paramachairodus* sp., *Machairodus* sp.
Tourkovounia bei Athen: *Homotherium* cf. *crenatidens*
Vathylakkos (Thessalien): *Machairodus giganteus*
Volax (Makedonien): *Megantereon cultridens*

I

Irak:
Injana, Lower Bakhtiari Formation: *Machairodus* sp.

Iran:
Maragha: *Paramachairodus orientalis*

Israel:
Ubeidiya Formation: *Megantereon* cf. *whitei*

Italien:
Casa Frata, Arezzo, Arnotal (Region Toskana):
Homotherium crenatidens
Collepardo in der Provinz Prosinone (Region Latium):
Megantereon cultridens
Costa San Giacomo (Region Latium): *Homotherium*
Farneta (Region Toskana): *Megantereon cultridens*
Manfredonia auf der Halbinsel Gargano: *Homotherium crenatidens*
Monte Argentario (Region Toskana): *Megantereon whitei, Homotherium crenatidens*
Monte Riccio (Region Latium): *Megantereon cultridens*
Montopoli (Region Toskana): *Megantereon cultridens*
Olivola, Val di Magram (Region Toskana): *Megantereon cultridens, Homotherium crenatidens*
Pirro Nord (Region Apulien): *Megantereon whitei*
Selva Vecchia, Sant'Ambrogio di Valpolicella, Verona (Region Venetien): *Homotherium crenatidens, Homotherium latidens*
Scivolone, Brecce di Soave, Verona bzw. Breccia di Valpolicella (Region Venetien): *Homotherium latidens*
Slivia, Provinz Triest (Region Friaul-Julisch Venetien): *Homotherium crenatidens*
Tasso (Region Toskana): *Megantereon cultridens*
Triversa (Region Toskana): *Homotherium crenatidens*
Val d'Arno bzw. Arnotal (Region Toskana): *Homotherium crenatidens*
Verona (Region Venetien): *Homotherium moravicum*

K

Kanada:
Dawson, Yukon: *Homotherium* sp.
Old Crow, Yukon: *Homotherium* serum

Kasachstan:
Dzhenama River: *Machairodus* aff. *irtyschensis*
Kalmakpai: *Machairodus kurteni*
Selim-Dzehevar: *Machairodus aphanistus taracliensis,*
Machairodus ischimicus

Kenia:
Lothagam: *Lokotunjailurus emageritus*
West Turkana: *Homotherium problematicus*

Kirgisien:
Serafimovka: *Machairodus* sp.

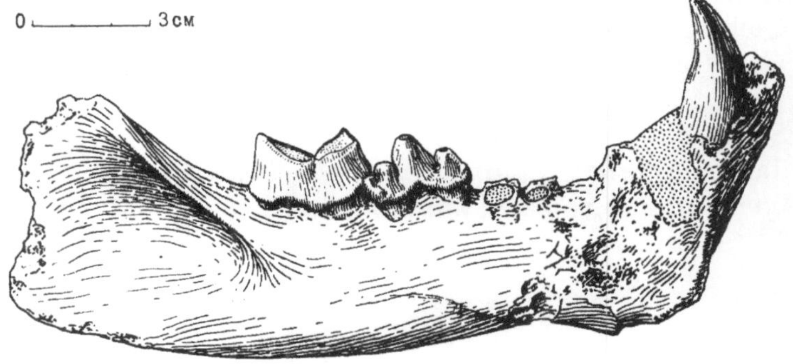

Unterkiefer der Säbelzahnkatze
Machairodus kurteni aus dem Obermiozän
von Kalmakpai in Kasachstan

M

Mazedonien:
Veles: *Paramachairodus orientalis*

Mexiko:
Arroyo Tepalcates: *Machairodus* cf. *coloradensis*
Cedazo (Arroyo Cedazo, Arroyo San Francisco): *Smilodon fatalis*
Chapala: *Smilodon fatalis*
El Golfo: *Homotherium* sp.
Las Golondrinas: *Machairodus* sp.
La Rinconada: *Machairodus* sp.
Las Tunas bzw. Las Tunas Wash: *Machairodus* sp.
Rancho Viejo bzw. Arrastracabllos: *Machairodus* sp.
Yepomera: *Machairodus coloradensis*

Moldawien:
Chimishliya: *Machairodus aphanistus, Machairodus schlosseri, Machairodus parvulus*
Cioburciu: *Machairodus aphanistus*
Gura Galbena: *Machairodus* sp.
Kalfa: *Machairodus laskarevi*
Sagaidak: *Machairodus* sp.
Taraklia: *Paramachairodus orientalis, Machairodus aphanistus taracliensis, Machairodus schlosseri*

Niederlande:
Nordsee (Het Gat südwestlich der Braunen Bank):
Homotherium latidens
Nordsee (Onrust nördlich von Walcheren): *Homotherium crenatidens*
Nordsee (Roompot): *Homotherium crenatidens*
Oosterschelde (Flauwerspolder): *Homotherium crenatidens*

Rekonstruktion der Säbelzahnkatze
Homotherium latidens des niederländischen Bildhauers
Remie Bakker aus Rotterdam

O

Österreich:

Deutsch-Altenburg 1 (Niederösterreich): *Homotherium sainzelli* (heute: *Homotherium crenatidens)*
Hundsheim bei Deutsch-Altenburg (Niederösterreich): *Homotherium moravicum*
Zillingdorf (Niederösterreich): *Machairodus aphanistus*

R

Rumänien:
Betfia: *Megantereon* sp.
Bugiuliesti: *Megantereon whitei*
Graunceanului: *Megantereon cultridens, Homotherium crenatidens*
Tetoiu: *Megantereon cultridens, Homotherium crenatidens*

Russland:
Khopry: *Homotherium*
Pavlodar am rechten Ufer des Irtysch: *Machairodus irtyschensis*
Rostov am Don: *Homotherium*
Semibalki: *Homotherium*
Udunga (Sibirien): *Homotherium crenatidens*

S

Schweiz:
Charmoille (Kanton Jura): *Machairodus aphanistus*

Slowakei:
Hainacka: *Megantereon* sp.
Vceláre 2: *Homotherium crenatidens*

Spanien:
Atapuerca, Fundstelle Gran Dolina (Provinz Burgos,
Region Kastilien-Léon): *Homotherium*
Can Llobateres bei Sabadell (Provinz Teruel, Region
Aragonien): *Machairodus aphanistus*
Can Ponsich, Valles Penedes (Provinz Teruel, Region
Aragonien): *Machairodus aphanistus*
Cerro Batallones (Fundstelle Batallones 1) bei Torrejón de
Valasco südlich von Madrid: *Machairodus aphanistus,
Paramachairodus ogygius*
Concud (Provinz Teruel, Region Aragonien):
Paramachairodus orientalis
Creviellente 2 (Provinz Alicante, Region Valencia):
Paramachairodus ogygius
Cueva Victoria (Region Murcia): *Megantereon* sp.,
Homotherium sp.
Fonelas (Provinz Granada, Region Andalusien):
Megantereon cultridens, Homotherium
Fuentidueña (Provinz Segovia, Zentralspanien):
Machairodus aphanistus
Fuente Nueva, Orce (Provinz Granada, Region
Andalusien): *Megantereon whitei*
Incarcàl, Cal Taco, bei Crespia (Provinz Girona):
Homotherium crenatidens

La Puebla de Valverde (Provinz Teruel, Region Aragonien):
Megantereon cultridens, Homotherium crenatidens
La Tarumba (Region Katalonien): *Paramachairodus
ogygius*
Los Mansuetos (Provinz Teruel, Region Aragonien):
Machairodus giganteus
Mestas de Con, Cangas de Onis (Region Austurien):
Homotherium crenatidens
Puento Minero (Provinz Teruel, Region Aragonien):
Paramachairodus orientalis, Paramachairodus ogygius
Santiga (Region Katalonien): *Machairodus aphanistus*
Terrassa (Provinz Barcelona, Region Katalonien):
Paramachairodus orientalis
Venta del Moro (Provinz Valencia): *Paramachairodus
maximiliani, Machairodus* indet.
Venta Micena (Provinz Granada, Region Andalusien):
Meganteron whitei, Homotherium crenatidens
Villarroya (Provinz La Rioja, früher Provinz Logrono):
Megantereon cultridens, Homotherium crenatidens

Südafrika:
Langebaanweg: *Machairodus* sp.
Makapansgat: *Machairodus darti, Megantereon gracilis,
Homotherium problematicus*
Schurveberg: *Megantereon whitei*
Sterkfontein: *Megantereon gracilis*

T

Tadschikistan:
Daraispon: *Machairodus giganteus*
Kopaly: *Homotherium* sp.
Kuruksai-Navrukho: *Homotherium crenatidens,
Megantereon cultridenis*
Lakhuti 2: *Homotherium* sp.

Tansania:
Manonga: cf. *Machairodus* sp.

Tschad:
Toros-Menalla: *Machairodus kabir*

Tschechien:
Chlum I (Böhmischer Karst): *Homotherium moravicum*
Chlum IV (Böhmischer Karst): *Homotherium moravicum*
Stránsá skálá bei Slatina unweit von Brno (Woldrich-
Höhle): *Homotherium moravicum*
Zlaty kun Höhle C 718 (Böhmischer Karst): *Homotherium
moravicum*

Tunesien:
Bled Douarah: *Machairodus robinsoni*

Türkei:
Cal: *Machairodus aphanistus*
Calta: *Machairodus giganteus*
Denizi: *Machairodus aphanistus*
Esme Akcaköy: *Miomachairodus pseudailuroides*
Kemiklitepe: *Machairodus giganteus*
Kücükçekmece: *Paramachairodus orientalis*
Küçükyozgat: *Machairodus romeri*
Kurtchuk-Tchekmedje: *Machairodus aphanistus*
Mahmutgazi: *Machairodus aphanistus*
Sinap Moyen: *Megantereon pivetaui* n. sp.
Sinap Superieur: *Megantereon hoffstetteri* n. sp.
Yeni Eskihisar: *Miomachairodus pseudailuroides*

U

Ukraine:
Grebeniki: *Machairodus copei*
Liventsovka: *Homotherium crenatidens*
Novo-Yelizavetovka: *Machairodus schlosseri*
Odessa: *Homotherium*
Zheltokamenka: *Machairodus* sp.

Ungarn:
Csákvár: *Paramachairodus orientalis*
Kislang: *Homotherium crenatidens*
Polgárdi: *Paramachairodus orientalis*
Úrkút: *Megantereon whitei*

USA:
American Falls Reservoir (Idaho): *Homotherium serum, Smilodon fatalis*
Anderson Gravel Pit (Kansas): *Homotherium serum*
Aphelops Draw Quarries (Nebraska): *Machairodus coloradensis*
Axtel (Texas): *Machairodus* sp.
Baggett (Texas): *Homotherium* sp.
Bass Point Waterway 1 (Florida): *Smilodon gracilis*
Boardman (Oregon): *Machairodus* sp.
Box (Texas): *Machairodus sp.*
Bridwell Formation (Texas): *Machairodus* cf. *coloradensis*
Camel Canyon (Arizona): *Machairodus* sp.
Campbell Hills bzw. Twentynine Palms Gravel Pit (Kalifornien): *Smilodon fatalis*
Camp Cady bzw. Lake Manix (Kalifornien): *Homotherium serum*
Canton Lake (Oklahoma): *Smilodon fatalis*

96

Cave ACb-3 (Alabama): *Smilodon fatalis*
Cita Canyon (Texas): *Homotherium crenatidens*
Coffee Ranch bzw. Miami Quarry (Texas): *Machairodus* cf. *coloradensis*
Conard Fissure (Arkansas): *Smilodon fatalis*
Crystal River Power Plant (Florida): *Smilodon gracilis*
Cumberland Cave (Maryland): *Smilodon fatalis*
Delmont (South Dakota): *Homotherium crenatidens*
Devil's Nest Airstrip (Nebraska): *Machairodus* sp.
Duck Point (Idaho): *Homotherium serum*
Edisto Beach (South Carolina): *Smilodon fatalis*
Edson (Kansas): *Machairodus* cf. *catacopis*
El Jobean Pit (Florida): *Smilodon gracilis*
Fairbanks (Arkansas): *Homotherium* sp.
Fairmead Landfill (Kalifornien): *Smilodon fatalis*
Forsberg Shell Pit (Florida): *Smilodon gracilis*
Fossil Lake (Oregon): *Homotherium serum*
Friesenhahn Cave bzw. Friesenhahn-Höhle bei San Antonio (Texas): *Homotherium serum*
Gassaway Fissure (Tennessee): *Homotherium serum*
Gilliland (Texas): *Homotherium serum*
Golgotha Watermill Pothole Quarry bzw. Golgotha Hill (Nevada): *Machairodus* sp.
Gray Fossil Site (Tennessee): cf. *Machairodus* sp.
Greenwood Canyon Quarry bzw. Dalton Quarry (Nebraska): *Machairodus* sp.
Hagerman (Idaho): *Megantereon hesperus*
Haile lime-stone mines, Alachua County (Florida): *Xenosmilus hodsonae*
Hanover Quarry (Pennsylvania): *Smilodon gracilis*
Harrodsburg Crevice (Indiana): *Smilodon fatalis*
Hay Springs Fossil Quarry (Nebraska): *Smilodon fatalis*
Inglis (Florida): *Homotherium* sp. oder *Smilodon gracilis*
Irvington (Kalifornien): *Homotherium serum*
Kendrick (Florida): *Smilodon fatalis*

Lake Manix (Kalifornien): *Homotherium* sp.
Laubach Cave (Texas): *Homotherium serum*
Leisey Shell Pit (Florida): *Smilodon gracilis*
Madison County (Nebraska): *Homotherium serum*
Massacre Rocks (Idaho): *Smilodon fatalis*
McKay Reservoir (Oregon): *Machairodus* sp.
McLeod Limerock Mine (Florida): *Smilodon gracilis*
Merrell (Montana): *Homotherium serum*
Nashville, The First American Bank Site (Tennessee):
Smilodon fatalis
Optima bzw. Guymon (Oklahoma): *Machairodus catacopis*
Owyhee River (Oregon): *Homotherium* sp.
Pauba Formation (Kalifornien): *Smilodon fatalis*
Pinole Junction (Kalifornien): *Machairodus* sp.
Port Kennedy Cave (Pennsylvania): *Smilodon gracilis*
Quinlan (Oklahoma): *Homotherium* sp.
Rancho La Brea in Los Angeles: *Homotherium serum,
Smilodon fatalis*
Reddick (Florida): *Homotherium serum*
Redington (Arizona): *Machairodus* sp.
Rhino Hill Quarry (Kansas): *Machairodus coloradensis*
Rick Irwin Site bzw. Wyman Creek (Nebraska):
Machairodus sp.
Sabertooth Cave bzw. Lecanto Cave (Florida): *Smilodon
fatalis*
Sandahl (Kalifornien): *Homotherium serum*
Sand Draw Quarry (Nebraska): *Homotherium crenatidens*
San Pedro Lumber Yard (Kalifornien): *Smilodon fatalis*
Santa Fee River (Florida): *Smilodon gracilis*
Schuykill-River (Pennsylvania): *Smilodon gracilis*
Silver Creek Junction (Utah): *Smilodon fatalis*
Slaton Quarry (Texas): *Homotherium serum*
Smiths Valley (Nevada): *Machairodus* sp.
Uptegrove (Nebraska): *Machairodus coloradensis*
Vallecito Creek (Kalifornien): *Smilodon gracilis*

Warren (Kalifornien): *Machairodus* cf. *coloradensis*
Western (Oklahoma): *Homotherim serum*
Wikieup Bird Bone Quarry (Arizona): *Machairodus coloradensis*
Withlacoochee River Site (Florida): *Machairodus* sp.
Wray bzw. Beecher Island (Colorado): *Machairodus coloradensis*

V

Venezuela:
El Breal de Orocual (Monagas): *Homotherium*
Mene de Inciarte Tar Seep (Fundstelle 185, Fundstelle 198): *Smilodon populator*
Zumbador Cave (Cueva del Zumbador): *Smilodon populator*

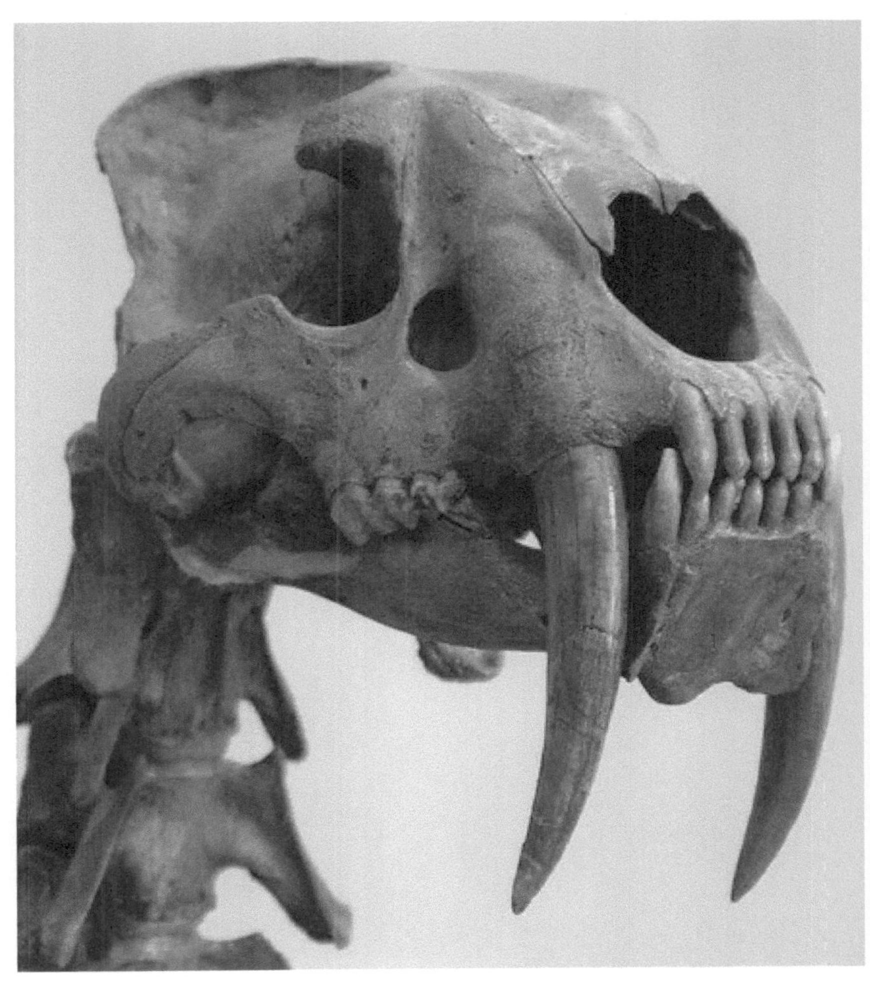

Schädel der Dolchzahnkatze Smilodon
aus dem Eiszeitalter mit langen Eckzähnen
im Natural History Museum in New York.
Funde von Smilodon kennt man
nur aus Nordamerika und Südamerika.

*Oberkieferfragment mit Zähnen der Säbelzahnkatze
Machairodus aphanistus aus etwa zehn Millionen Jahre
alten Ablagerungen des Ur-Rheins (Dinotheriensande)
bei Eppelsheim in Rheinhessen.
Original im Hessischen Landesmuseum Darmstadt.*

*Lebensbild der Säbelzahnkatze Machairodus aphanistus.
Zeichnung von Pavel Major für das Dinotherium-Museum
in Eppelsheim*

Säbelzahnkatzen und Dolchzahnkatzen in Museen

Museen in aller Welt bewahren in ihren Sammlungen oder Ausstellungen Skelette, Knochen, Zähne oder Modelle von Säbelzahnkatzen oder Dolchzahnkatzen auf. Nachfolgend eine kleine Auswahl:

Argentinien
Das Bernardino Ribadavia-Museum in Buenos Aires zeigt ein komplettes Skelett der Dolchzahnkatze *Smilodon populator* aus dem späten Eiszeitalter.

Deutschland:
Das Hessische Landesmuseum Darmstadt besitzt Reste der Säbelzahnkatze *Machairodus aphanistus* und der Dolchzahnkatze *Paramachairodus ogygius* aus ca. zehn Millionen Jahre alten Ablagerungen des Ur-Rheins (Dinotheriensande) bei Eppelsheim in Rheinhessen.
Das Naturhistorische Museum Mainz bewahrt in seiner Sammlung drei Fossilien der Säbelzahnkatze *Homotherium crenatidens* aus den rund 600.000 Jahre alten Mosbach-Sanden von Wiesbaden auf.
Das Pfalzmuseum für Naturkunde in Bad Dürkheim zeigt den Schädel einer jugendlichen Säbelzahnkatze der Art *Homotherium crenatidens* aus der Spaltenfüllung Neuleiningen 11 bei Grünstadt aus dem Eiszeitalter vor etwa 500.000 Jahren.
Das Museum für Naturkunde Karlsruhe bewahrt Fossilien der Säbelzahnkatze *Homotherium crenatidens* aus Mauer bei Heidelberg auf.
Das Staatliche Museum für Naturkunde Stuttgart besitzt Fossilien der Säbelzahnkatze *Homotherium crenatidens* aus Mauer bei Heidelberg.

Die Forschungsstation für Quartärpaläontologie Weimar der Senckenbergischen Naturforschenden Gesellschaft bewahrt Fossilien von Säbelzahnkatzen *(Homotherium crenatidens)* und Dolchzahnkatzen *(Megantereon cultridens adroveri)* aus Untermaßfeld bei Meiningen auf. Sie stammen aus dem Eiszeitalter vor etwa einer Million Jahren.

England
Das Natural History Museum in London bewahrt Skelette verschiedener Raubkatzen auf.

Finnland
Das Zoological Museum in Helsinki zeigt ein Modell der Säbelzahnkatze *Homotherium* aus dem Eiszeitalter.

Frankreich
Das Departement of Earth Sciences der Université Claude Bernard in Lyon zeigt ein Skelett der Säbelzahnkatze *Homotherium* aus Senèze bei Brioude (Departement Haute-Loire) in Frankreich.
Das Museum of Natural History in Paris zeigt Schädelreste der Säbelzahnkatze *Homotherium crenatidens* aus Perrier und der Dolchzahnkatze *Megantereon cultridens* aus Perrier sowie ein Skelett der Dolchzahnkatze *Smilodon* aus Amerika.
Das „Musée de Paléontologie Christian Guth" von Chilhac in der Auvergne (Departement Haute-Loire) zeigt zwei Eckzähne der Dolchzahnkatze *Megantereon cultridens* aus Chilhac.

Irland
Das National Museum of Ireland in Dublin bewahrt den 1886 in Kessingland (Suffolk) entdeckten Unterkiefer einer Säbelzahnkatze auf, der als erster Fund der Gattung *Homotherium* aus England gilt. Dieses Fossil wurde im Dezember 1907 bei einer Auktion in London ersteigert.

Italien
Das Museum im Department of Earth Sciences der Universität von Florenz zeigt Fossilien von Raubkatzen aus dem Eiszeitalter.

Niederlande
Im Naturhistorischen Museum „Naturalis" in Leiden wird ein fragmentarisch erhaltenes Fersenbein der Säbelzahnkatze *Homotherium* aus der Oosterschelde (Flauwerspolder) aufbewahrt. Dieses Fossil wurde 1971 von einem niederländischen Muschelkutter geborgen.
Das Naturhistorische Museum Rotterdam präsentiert einen etwa 28.000 Jahre alten Unterkieferast der Säbelzahnkatze *Homotherium latidens* aus der Nordsee. Dabei handelt es sich um den geologisch jüngsten Fund einer Säbelzahnkatze in Europa und Asien. Dieses Fossil wurde im März 2000 entdeckt und ist ein Geschenk des Fossiliensammlers Klaas Post aus Urk.

Österreich
Das Naturhistorische Museum Wien zeigt die weltweit ersten Modelle der Dolchzahnkatze *Megantereon cultridens* aus Senèze in Frankreich.

Schweiz
Das Naturhistorische Museum Basel zeigt ein Skelett der Dolchzahnkatze *Megantereon cultridens* aus Senèze bei Brioude (Departement Haute-Loire) in Frankreich.

Spanien
Das Archaeological Museum in Banyoles bewahrt Schädel der Säbelzahnkatze *Homotherium* aus dem Eiszeitalter auf.
Das Museum of Natural Sciences in Madrid besitzt Skelette der Säbelzahnkatze *Machairodus* und der Dolchzahnkatze *Paramachairodus* aus dem Obermiozän.

Südafrika

Das South Africa Museum in Kapstadt bewahrt Fossilien von *Dinofelis* von Langebaanweg in Südafrika auf.

Das Transvaal Museum in Pretoria besitzt Schädel der „schrecklichen Katzen" *Dinofelis piveteaui* und *Dinofelis barlowi.*

USA

Das American Museum of Natural History in New York besitzt Skelette der Dolchzahnkatzen *Smilodon populator* und *Smilodon fatalis* sowie der Scheinsäbelzahnkatze *Hoplophoneus mentalis.*

Das National Museum of Natural History in Washington bewahrt Skelette der Scheinsäbelzahnkatze *Hoplophoneus* und der Dolchzahnkatze *Smilodon fatalis* auf.

Das George C. Page Museum in Los Angeles präsentiert Skelette der Dolchzahnkatze *Smilodon fatalis* von der Fundstelle Rancho La Brea aus dem Stadtgebiet von Los Angeles (Kalifornien).

Das Los Angeles Museum zeigt Skelette der Scheinsäbelzahnkatzen *Nimravus* und *Hoplophoneus.*

Das Texas Memorial Museum besitzt ein Skelett der Säbelzahnkatze *Homotherium serum* aus der Friesenhahn-Höhle bei San Antonio in Texas.

Wiesbadener Wissenschaftsautor
Ernst Probst

Der Autor

Ernst Probst, geboren am 20. Januar 1946 in Neunburg vorm Wald im bayerischen Regierungsbezirk Oberpfalz, ist Journalist und Buchautor. Er arbeitete von 1968 bis 1971 als Volontär und Redakteur bei den „Nürnberger Nachrichten", von 1971 bis 1973 in der Zentralredaktion des „Ring Nordbayerischer Tageszeitungen" in Bayreuth und von 1973 bis 2001 bei der „Allgemeinen Zeitung", Mainz. Von 2001 bis 2006 war er zunächst als Buchverleger und später auch als Fossilien- und Antiquitätenhändler aktiv.

In seiner Freizeit schrieb Ernst Probst vor allem populärwissenschaftliche Artikel für die „Frankfurter Allgemeine Zeitung", „Süddeutsche Zeitung", „Die Welt", „Frankfurter Rundschau", „Neue Zürcher Zeitung", „Tages-Anzeiger", Zürich, „Salzburger Nachrichten", „Oberösterreichische Nachrichten", Linz, „Die Zeit", „Rheinischer Merkur", „Deutsches Allgemeines Sonntagsblatt", „bild der wissenschaft", „kosmos", „Deutsche Presse-Agentur" (dpa), „Associated Press" (AP) und den „Deutschen Forschungsdienst" (df).

Aus der Feder von Ernst Probst stammen zahlreiche Beiträge der Buchreihe „Geschichten, die die Forschung schreibt" sowie die Bücher „Deutschland in der Urzeit" (1986), „Deutschland in der Steinzeit" (1991), „Rekorde der Urzeit" (1992), „Dinosaurier in Deutschland" (1993 zusammen mit Raymund Windolf) und „Deutschland in der Bronzezeit" (1996). Von 1996 bis 2011 veröffentlichte er insgesamt mehr als 100 Bücher, Taschenbücher, Broschüren, Museumsführer und E-Books.

Literatur

ABEL, Othenio: Die vorzeitlichen Säugetiere, Jena 1914

ABEL, Othenio: Lebensbilder aus der Tierwelt der Vorzeit, Jena 1921

ANTÓN, Mauricio / MORALES, M. Jorge / TURNER, Alan: First known complete skulls of the scimitar-toothed cat *Machairodus aphanistus* (Felidae, Carnivora) from the Spanish Late Miocene site of Batallones 1. Journal of Vertebrate Paleontology, Vol. 24, Nr. 4, S. 957–969, Deerfield 2004

ARGANT, Alain / ARGANT, Jacqueline / JEANNET, Marcel / ERBAJEVA, Margarita: The big cats of the fossil site Cháteau Breccia Northern Section (Saône-et-Loire, Burgund, France): stratigraphy, palaeoenvironment, ethology and biochronical dating. Courier Forschungs-Institut Senckenberg, 259, S. 121–140, Frankfurt am Main 2007

BACKHOUSE, James: On a mandible of *Machaerodus* from the Forest-bed. Quarterly Journal of the Geological Society, 42, S. 309–312, London 1886

BALLESIO, Roland: Monographie d'un *Machairodus* du gisement Villafranchien de Senèze: *Homotherium crenatidens* Fabrini. Traveaux du Laboratoire de Géologie de la Facultè de Lyon, N.S., no. 9, S. 1–129, Lyon 1963

BEAUMONT, Gerard de: Recherches sur les félidés (Mammifères, Carnivores) du pliocène inférieur des sables à Dinotherium des environs d'Eppelsheim (Rheinhessen). Archives des Sciences, 28 (3), S. 369–405, Genéve 1975

BEAUMONT, Gerard de: Note sur deux nouvelles dents de vore du Vallèsien des Sables à Dinotherium de Rheinhessen. Archives des Sciences, 40 (2), S. 225–229, Genéve 1987

BERTA, Annalisa / GALIANO, Henry: *Megantereon hesperus* from the late Hemphilian of Florida with remarks on

111

the phylogenetic relationships of machairodonts (Mammalia, Felidae, Machairodontinae). Journal of Paleontology 57 (5), S. 892–899, Norman 1983

BOVARD, John Freeman: Notes on Quaternary Felidae from California. University of California Publication Bulletin of Department oft Geology 5, S. 155–170, Berkeley 1907

BRITTIJN, Bas: Scimitars of Ancient Greece. Museum Naturalis Leiden, S. 1–51, Leiden 2007

BRÜNING, Herbert: Die eiszeitliche Tierwelt im Rhein-Main-Gebiet, Mosbacher Sande. Museumsführer Nr. 4, Naturhistorisches Museum Mainz, 1972

BRÜNING, Herbert: Vom Eiszeitalter im Mainzer Becken. Museumführer Nr. 3, Naturhistorisches Museum Mainz, 1973

BRÜNING, Herbert: Die eiszeitliche Tierwelt von Mosbach. Ihre Umwelt – ihre Zeit. Museumsführer Nr. 6, Rheinische Naturforschende Gesellschaft zu Mainz in Verbindung mit dem Naturhistorischen Museum Mainz, 1980

CHRISTIANSEN, Per / ADOLFSSEN, Jan S.: Osteology and ecology of *Megantereon cultridens* SE311 (Mammalia; Felidae; Machairodontinae), a sabrecat from the Late Pliocene – Early Pleiostocene oft Senèze, France. Zoological Journal of the Linnean Society, 151, S. 833–884, London 2007

COPE, Edward Drinker: On the extinct cats of America. American Naturalist 14, S. 833–858, Chicago 1880

COX, Barry / DIXON, Dougal / GARDINER, Brian / SAVAGE, R. J. G.: Dinosaurier und andere Tiere der Vorzeit, München 1989

CROIZET, L'Abbe Jean-Baptiste / JOBERT, Antoine: Recherches sur les ossemens fossiles du département du Puy-de-Dome, Paris 1928

CROOK, Harold J.: A Pliocene fauna from Yuma County, Colorado, with notes on the closely related Snake Creek beds from Nebraska. Proceedings of the Colorado Museum of Natural History, V. 4, No. 2, S. 3–30, Denver 1922

DAWKINS, William Boyd / SANFORD, William Ayshford:

The British Pleistocene Mammalia: Part I–IV (Felidae). Palaeontographical Society, S. 1–194, London 1864–1871

DÖPPES, Doris / RABEDER, Gernot: Pliozäne und pleistozäne Faunen Österreichs. Ein Katalog der wichtigsten Fundstellen und ihrer Faunen (Endbericht des Forschungsberichtes Nr. 9320 des „Fonds zur Förderung der wissenschaftlichen Forschung") mit Beiträgen von Petra Cech, Doris Döppes, Thomas Einwögerer, Florian A. Fladerer, Christa Frank, Karl Mais, Doris Nagel, Marion Niederhuber, Martina Pacher, Rudolf Pavuza, Gernot Rabeder, Christian Reisinger, Harald Temmel, Gerhard Withalm. Mitteilungen der Kommission für Quartärforschung der Österreichischen Akademie der Wissenschaften, Band 10, Wien 1997

FABER, Rolf: Moskebach – Biebrich-Mosbach 991–1971. Chronik von Dr. Rolf Faber im Auftrag des Verschönerungs- und Verkehrsvereins Biebrich am Rhein e. V., Wiesbaden-Biebrich 1991

FABRINI, Emilio: 1. *Machairodus (Megantereon)* del Val d'Arno superiore. Estratto del Bolletino del R. Comitato Geolologico (3) 1, S. 121–144, 161–177, Rom 1890

FICCARELLI, Giovanni: The Villafranchian Machairodonts of Tuscany. Paleontographica Italica, vol. 71, S. 17–26, Pisa 1979

FRANZEN, Jens Lorenz / ROOS, Heiner / PROBST, Ernst: Das Dinotherium-Museum in Rheinhessen, Eppelsheim 2009

GOLDFUSS, Georg August: Die Umgebungen von Muggendorf, Erlangen 1810

HARINGTON, Charles Richard: American scimitar cat. Beringia Research Notes 7, S. 1–4, Whitehorse 1996

HEIDTKE, Ulrich: Eine Großsäuger-Fauna aus dem älteren Pleistozän der Pfalz (Spaltenfüllung Neuleiningen 11). Mitteilungen der Pollichia, 67, S. 135–141, Bad Dürkheim 1979 Heft 7, S. 1–23, Erlangen 1953

HEIZMANN, Elmar P. / GINSBURG, Léonard / BULOT, Christian: *Prosansanosmilus peregrinus,* ein neuer Machairodontider Felide aus dem Miocän Deutschlands und Frankreichs. Stuttgarter Beiträge zur Naturkunde, Serie B, Nr. 58, 27, Stuttgart 1980

HEMMER, Helmut: Zur Kenntnis pleistozäner mitteleuropäischer Pantherkatzen (Pantherinae), Teil I. Veröffentlichungen der Zoologischen Staatssammlung, 1, S. 15–36, München 1971

HEMMER, Helmut: Untersuchungen zur Stammesgeschichte der Pantherkatzen (Pantherinae), Teil III. Zur Artgeschichte des Löwen *Panthera (Panthera) leo* (Linnaeus 1758). Veröffentlichungen der Zoologischen Staatssammlung München, Band 17, S. 167–280, München 1974

HEMMER, Helmut: Die Feliden aus dem Epivillafranchium von Untermaßfeld. Aus: KAHLKE, Ralf-Dietrich (Hrsg.): Das Pleistozän von Untermaßfeld bei Meiningen (Thüringen). Teil 3. Monographien des Römisch-Germanischen Zentralmuseums, 40/3, S. 699–782, Mainz 2001

HEMMER, Helmut: Pleistozäne Katzen Europas – eine Übersicht. Cranium, 20 (2), S. 6–22, Amsterdam 2004

HEMMER, Helmut / SCHÜTT, Gerda: Ein Gepardenfund aus den Mosbacher Sanden (Altpleistozän, Wiesbaden). Mainzer Naturwissenschaftliches Archiv, 9, S. 118–131, Mainz 1970

HEMMER, Helmut / KAHLKE, Ralf Dietrich / KELLER, Thomas: *Panthera onca gombaszoegensis* aus den frühmittelpleistozänen Mosbach-Sanden (Wiesbaden, Hessen, Deutschland). Ein Beitrag zur Kenntnis der Variabilität und Verbreitungsgeschichte des Jaguars. Neues Jahrbuch für Geologie und Paläontologie, Abhandlungen, 229 (1), S. 31–60, Stuttgart 2003

HEMMER, Helmut / KAHLKE, Ralf Dietrich / VEKUA, Abesalom K.: The Old World puma – *Puma pardoides* (Owen, 1946) (Carnivora: Felidae) – in the lowe Villafranchian (Upper Pliocene) of Kvabesi (East Georgia, Transcaucasia) and its evolutionary and biogeographical significance. Neues Jahrbuch für Geologie und Paläontologie, Abhandlungen 233 (2), S. 197–321, Stuttgart 2004

HEMMER, Helmut / KAHLKE, Ralf-Dietrich / KELLER, Thomas: Geparde im Mittelpleistozän Europas: *Acinonyx pardinensis* (sensu lato) *intermedius* (Thenius, 1954) aus den Mosbach-Sanden (Wiesbaden, Hessen, Deutschland). Neues Jahrbuch für Geologie und Paläontologie, Abhandlungen, 249 (3), S. 345–356, Stuttgart 2008

HENDEY, Quinley Brett: The late Cenozoic Carnivora of the south-western Cape Province. Annals of the South African Museum, 63, S. 1-369, London 1974

HOOIJER, Dirk A.: The Sabre-toothed cat *Homotherium* found in the Nederlands. Lutra, 4, S. 24–26, Leiden 1962

JEFFERSON, George T. / TEJADA-FLORES, Antonia E.: The Late Pleistocene Record of *Homotherium* (Felidae: Machairodontinae) in the Southwestern United States. PaleoBios, Volum1 15, Number 3, S. 37–46, Berkeley, 24. Mai 1993

KAHLKE, Hans Dietrich: Die Eiszeit, Leipzig 1994

KAHLKE, Ralf-Dietrich (Hrsg.): Das Pleistozän von Unter-maßfeld bei Meiningen (Thüringen). Teil 1. Monographien des Römisch-Germanischen Zentralmuseums, Mainz 1997

KAHLKE, Ralf-Dietrich (Hrsg.): Das Pleistozän von Unter-maßfeld bei Meiningen (Thüringen). Teil 2. Monographien des Römisch-Germanischen Zentralmuseums, Mainz 2001

KAHLKE, Ralf-Dietrich (Hrsg.): Das Pleistozän von Unter-maßfeld bei Meiningen (Thüringen). Teil 3. Monographien des Römisch-Germanischen Zentralmuseums, Mainz 2001

KAHLKE, Ralf-Dietrich: Bedeutende Fossilvorkommen des Quartärs in Thüringen. Teil 5: Großsäugetiere. Aus: KAHLKE, Ralf-Dietrich / WUNDERLICH, Jürgen (Hrsg.): Tertiär und Quartär in Thüringen. Beiträge zur Geologie von Thüringen, Neue Folge 9, S. 207–232, Jena 2002

KAHLKE, Ralf-Dietrich: Late Early Pleistocene European large mammals and the concept of an Epivillafranchian biochron. Courier Forschungsinstitut Senkenberg 259, S. 265–278, Frankfurt am Main 2007

KAUP, Johann Jakob: Vier urweltliche Raubthiere, welche im zoologischen Museum zu Darmstadt aufbewahrt werden. Archiv für Mineralogie, Geognosie, Bergbau und Hüttenkunde 5, S. 150-158, Berlin 1832

KAUP, Johann Jakob: Description d'Ossemens fossiles des Mammifères inconnus jusqu'à présent qui se trouvent au Muséum grand ducal de Darmstadt, 2 volumes, Darmstadt 1833

KAUP, Johann Jakob: Über *Machairodus cultridens* KAUP. Jahrbuch für Mineralogie, Geognosie, Geologie und Petrefaktenkunde, S. 270–272, Stuttgart 1859

KELLER, Thomas: Die eiszeitlichen Mosbach-Sande bei Wiesbaden. Paläontologische Denkmäler in Hessen 3, Wiesbaden 1994

KELLER, Thomas / LÖSCHER, Manfred: Biostratigraphische Altersbestimmung an eiszeitlichen Faunenfundstellen: Das Projekt Mauer-Mosbach. Denkmalpflege & Kulturgeschichte, 2, S. 38–40, Wiesbaden 2008

KITTL, Ernst: Beiträge zur Kenntnis der fossilen Säugetiere von Maragha in Persien. I. Carnivoren. Annalen des k. k. Naturhistorischen Hofsmuseums, Band II, S. 317–341, Wien 1887

KOENIGSWALD, Gustav Heinrich Ralph von: Fossil cats from the Tegelen clay. Publicaties van het Naturhistorisch Genoot-schap in Limburg, 12, S. 19–27, Limburg 1960

KOENIGSWALD, Wighart von: Zur Ökologie und Biostratigraphie der beiden pleistozänen Faunen von Mauer bei Heidelberg. Aus: BEINHAUER, Karl W. / WAGNER, Günther A.: Schichten von Mauer. 85 Jahre *Homo erectus heidelbergensis,* S. 101–110, Mannheim 1992

KOENIGSWALD, Wighart von: Lebendige Eiszeit, Stuttgart 2002

KRETZOI, Miklós: Die Raubtiere von Gombaszök nebst einer Übersicht der Gesamtfauna. Annales historico-naturales Musei Nationalis Hungarici, Pars Mineralogica, Geologica, Paleontologica 31, S. 88–157, Budapest 1938

KOUFOS, George D.: The Villafranchian mammalian faunas and biochronolgy of Greece. Bolletino della Società Paleontologica Italiana 40 (2), S. 217–223, Modena 2001

LEIDY, Joseph: Notice of some vertebrates remains from Hardin County, Texas. Proceedings of Academy of Natural and Science of Philadelphia, S. 174–176, Philadelphia 1868

LEIDY, Joseph: Descriptions of Mammalian Remains from a Rock Crevice in Florida. Transactions of the Wagner Free Institute of Science II. S. 13–17, Philadelphia 1889

LIEBIG, Volker / ROSENDAHL, Wilfried (Herausgeber): Spuren im Sand. Der Urmensch und die Sande von Mauer. Kulturgestein, Band 3, Stuttgart 2007

LUND, Peter Wilhelm: Blik paa Brasiliens Dyreverden för sidste jordomvaeltning. Fjeder Afhandling: Fortsaettelse af Pattedyrene. Lagoa Santa d. 30 Januar 1841, Kopenhagen 1842

MARTIN, Larry Dean / SCHULTZ. Charles Bertrand / SCHULTZ, Marion R.: Saber-toothed cat from the Plio-Pleistocene of Nebraska. Transactions of the Nebraska Academy of Sciences 16, S. 153–163, Omaha 1988

MARTIN, Larry Dean / BABIARZ, John P. / NAPLES, Virginia L. / HEARST, Jonena: Three ways To Be a Saber-Toothed Cat. Naturwissenschaften 87, S. 41–44, Berlin/Heidelberg 2000

MAZAK, Vratislav: On a Supposed Prehistoric Representation of the Pleistocene Scimitar Cat *Homotherium* Fabrini, 1890 (Mammalia; Machairodontinae). Zeitschrift für Säugetierkunde, 35 (6), S. 359–362, Stuttgart 1970

MEADE, Grayon E.: The saber-toothed cat, *Dinobastis serus*. Bulletin of the Texas Memorial Museum, No. 2 (Part II), S. 23–60, Austin 1961

MEIN, Pierre: Report on activity RCMNS-Workgroups,

1971–1975, S. 78–81, Bratislava 1975

MERRIAM, John Campel / STOCK, Chester: The Felidae of Rancho La Brea. Carnegie Museum of Natural History Special Publication, 422, S. 1–321, Washington 1932

MOL, Dick: Bewijs komt van de bodem van de Noordzee. Sabaltandtijger leefde in Europa nog in het Laat-Pleistoceen. Straatgras 15 (1/2), S. 9–11, Rotterdam 2003

MOL, Dick: Het verwisselen van eigenaar van een onderkaak von een sabeltandkat aan het begin van de vorige eeuw en nu. Cranium 25, 1, Rotterdam 2008

MOL, Dick / LOGCHEM, Wilrie van / HOOIJDONK, Kees van, BAKKER, Remie: De Sabeltand Tijger uit de Nordzee, Norg 2007

MOL, Dick / LOGCHEM, Wilrie van: The saber-toothed cat of the North Sea. Deposits, Issue 16, Seite 28–30, Southwold 2008

MOL, Dick / LOGCHEM, Wilrie van / HOOIJDONK, Kees van / BAKKER, Remie: The Saber-Toothed Cat of the Nord sea, Norg 2008

MOL, Dick / LOGCHEM, Wilrie: Nieuw uit de Nordzee: de grote sabeltandkat *Homotherium crenatidens*. Straatgras 20 (4), S. 50–52, Rotterdam 2008

MORLO, Michael: Die Raubtiere (Mammalia, Carnivora) aus dem Turolium von Dorn-Dürkheim 1 (Rheinhessen). Teil 1: Mustelida, Hyaenidae, Percrocutidae, Felidae. Courier Forschungs-Institut Senckenberg 197, S. 11–47, Frankfurt am Main 1997

MORLO, Michael / PEIGNE, Stéphane / NAGEL, Doris: A new species of *Prosansanosmilus*: implications for the systematic relationships of the family Barbourofelidae new rank (Carnivora, Mammalia). Zoological Journal of the Linnean Society, 140, S. 43–61, London 2004

NEUBAUER, Christine: Säbelzahntiger und wie sie lebten. Seminararbeit im Rahmen der Lehrveranstaltung, Wien, 9. Februar 2007

ORLOV, Juri Aleskandrowitsch: Tertiäre Raubtiere des Westlichen Sibiriens. I. Machairodontinae. Travaux de l'Institut de Paléozoologie, Academie des Sciences d'URSS, 5, S. 111–152, Moskau–Leningrad 1936

OWEN, Richard: A history of British mammals and birds. S. 1–560 (S. 174–183), London 1846

PEIGNÉ, Stéphane / BONIS, Louis de / LIKIUS, Andossa / MACKAYE, Hassane Taisso / VIGNAUD, Patrick / BRUNET, Michel: A new machairodontine (Carnivora, Felidae) from the late Miocene hominid locality of TM 266, Toros-Menalla, Tschad. Comptes Rendus de l'Académie des Sciencies, Paris, Vol. 4, S. 243–253, Paris 2005

PIA, Julia / SICKENBERG, Otto: Katalog der in den österreichischen Sammlungen befindlichen Säugetierreste des Jungtertiärs Österreichs und der Randgebiete, Wien 1934

PILGRIM, Guy Ellcock: The correlation of the Siwaliks with mammal horizons in Europe. Records of the Geological Survey of India 40, S. 63–71, Calcutta 1913

PILGRIM, Guy Ellcock: Catalogue of the Pontian Carnivora oft Europe in the Department of Geology. British Museum London, London 1931

PROBST, Ernst: Deutschland in der Urzeit, München 1986

PROBST, Ernst: Wie die Löwen die Welt eroberten. Aus: PREUSS, Karl-Heinz / SIMEN, Rolf H.; Geschichten, die die Forschung schreibt, Band 9, 60 Reisen durch die Wissenschaft, S. 71–73, Bonn 1990

PROBST, Ernst: Deutschland in der Steinzeit, München 1991

PROBST, Ernst: Rekorde der Urzeit, München 2008

PROBST, Ernst: Rekorde der Urmenschen, München 2008

PROBST, Ernst: Der Ur-Rhein. Rheinhessen vor zehn Millionen Jahren, München 2009

PROBST, Ernst: Höhlenlöwen. Raubkatzen im Eiszeitalter, München 2009

PROBST, Ernst. Der Mosbacher Löwe. Die riesige Raubkatze aus Wiesbaden, München 2010

PROBST, Ernst: Säbelzahntiger am Ur-Rhein. *Machairodus* und *Paramachairodus*, München 2010
PROBST, Ernst: Johann Jakob Kaup. Der große Naturforscher aus Darmstadt, München 2011
PROBST, Ernst: Die Dolchzahnkatze *Megantereon*, München 2011
PROBST, Ernst: Die Dolchzahnkatze *Smilodon*, München 2011
REICHENAU, Wilhelm von: Beiträge zur näheren Kenntnis der Carnivoren aus den Sanden von Mauer und Mosbach. Abhandlungen der Großherzoglichen Hessischen Geologischen Landesanstalt zu Darmstadt, Band IV, Heft 2. 189–313, Darmstadt 1906
REUMER, Jelle W. F. / ROOK, Lorenzo / VAN DER BORG, Klaas / POST, Klaas / MOL, Dick / DE VOS, John de: Late Pleistocene survival of the Saber-Toothed Cat Homotherium in Northwestern Europe. Journal of Vertebrate Paleontology 23 (1), S. 260–262, Deerfield 2003
ROTH, Johannes / WAGNER, Andreas: Die fossilen Knochenüberreste von Pikermi in Griechenland. Abhandlungen der mathematisch-physikalischen Classe der Königlich Bayerischen Akademie der Wissenschaften, 7, S. 371–464, München 1854
RÜGER, Ludwig: *Machairodus latidens* Owen aus den altdiluvialen Sanden von Mauer a. d. Elsenz. Sitzungsberichte der Heidelberger Akademie der Wissenschaften, Mathematisch-Naturwissenschaftliche Klasse, Berlin – Leipzig 1929
SABOL, Martin / HOLEC, Peter / Wagner, Jan: Late Pliocene Carnivores from Vceláre 2 (Southeastern Slovakia). Paleontological Journal, Vol. 42, No. 5, S. 531–543, Moskau 2008.
SALESIA, Manuel J. / ANTÒN, Mauricio / TURNER, Alan / MORALES, Jorge: Inferred behaviour and ecology of the primitive saber-toothed cat *Paramachairodus ogygia* (Felidae, Machairodontinae) from the Late Miocene of Spain. Journal of Zoology, 266, S. 243–254, London 2006

SANDER, Anne: Ein Jaguar-Neufund aus den mittelpleistozänen Mosbach-Sanden. Hessen Archäologie 2003, herausgegeben von der Archäologischen und Paläontologischen Denkmalpflege des Landesamtes für Denkmalpflege Hessen, S. 17–19, Wiesbaden 2003

SCHAEFER, Hans: Die pontische Säugetierfauna von Charmoille (Jura bernois). Eclogae Geologicae Helvetiae 54, S. 559–565, Basel 1961

SCHAUB, Samuel: Ueber die Osteologie von *Machaerodus cultridens* Cuvier. Eclogae Geologicae Helvetiae, 19 (1), S. 255–266, Basel 1925

SCHLOSSER, Max: Die fossilen Säugetiere Chinas. Abhandlungen der Königlich Bayerischen Akademie der Wissenschaften, II. Klasse, Band XXII, München 1903

SCHMIDT-KITTLER, Norbert: Raubtiere aus dem Jungtertiär Kleinasiens. Palaeontographica A, 155, S. 1–131, Stuttgart 1976

SCHMITTGEN, Otto: *Felis pardus* spec. L. aus dem Mosbacher Sand. Sonderdruck aus „Jahrbücher des Nassauischen Vereins für Naturkunde", Jahrgang 74, S. 51–58, München und Wiesbaden 1922

SCHÜTT, Gerda: Untersuchungen am Gebiß von *Panthera leo fossilis* (V. Reichenau 1906) und *Panthera leo spelaea* (Goldfuss 1810). Ein Beitrag zur Systematik der pleistozänen Großkatzen Europas. Neues Jahrbuch für Geologie und Paläontologie, Abhandlungen 134, S. 192–220, Stuttgart 1969

SCHÜTT, Gerda: *Panthera pardus sickenbergi* n. subsp. aus den Mauerer Sanden. Neues Jahrbuch für Geologie und Paläontologie, Monatsheft, S. 299–310, Stuttgart 1969

SCHÜTT, Gerda: Ein Gepardenfund aus den Mosbacher Sanden (Altpleistozän, Wiesbaden). Mainzer naturwissenschaftliches Archiv, 9, S. 118–131, Mainz 1970

SCHÜTT, Gerda: Nachweis der Säbelzahnkatze *Homotherium* in den altpleistozänen Mosbacher Sanden (Wiesbaden, Hessen). Neues Jahrbuch für Geologie und Paläontologie.

Monatshefte (3), S. 187–192, Stuttgart 1970

SCHÜTT, Gerda / HEMMER, Helmut: Zur Evolution des Löwen (*Panthera leo* L.) im europäischen Pleistozän. Neues Jahrbuch für Geologie und Paläontologie, Monatshefte 4, S. 228–255, Stuttgart 1978

SENYÜREK, Muzaffer S.: A new species of *Epimachairodus* from Kücükyozgat. Türk Tarih Kurumu Belleten, 21 (81), S. 1–60, Ankara 1957

SOTNIKOVA, Marina V.: A new species from the late Miocene Kalmakpai locality in eastern Kazakhstan (USSR). Ann. Zool. Fennici 28, S. 361–369, Helsinki 1992

SOTNIKOVA, Marina V. / BAIGUHSHEVA, Vera S. / TITOV, Vadim Vladimirovich: Carnivores of the Khapry Faunal Assemblage and Their Stratigraphic Implications. Stratigraphy and Geological Correlation, Vol. 10. No. 4, S. 375–390, Moskau 2002. Translated from Stratigrafiya, Geologicheskaya Korrelyatsiya, Vol. 10, No. 4, S. 62–78. Original Russian Text, 2002

SPINAR, Zdenek V.: Leben in der Urzeit, Hanau 1984

STORCH, GERHARD: 157. Säbelzahnkatzen. Aus: SCHÄFER, Wilhelm: Lerne im Museum. 182 Themen zur Naturgeschichte aus dem Senckenberg-Museum, Kleine Senckenberg-Reihe Nr. 5 der Senckenbergischen Naturforschenden Gesellschaft, S. 350–351, Frankfurt am Main

THENIUS, Erich: Gepardreste aus dem Altquartär von Hundsheim in Niederösterreich. Neues Jahrbuch für Geologie und Paläontologie, Monatshefte, S. 225–238, Stuttgart 1954

TURNER, Alan / ANTÓN, Mauricio: The big cats and their fossil relatives, New York 1997

VAN HOOIJDONK, Kees: De vonst van de maand. De vondst van een calcaneum of hielbeen van een Pleistocene sabeltandtijger. Cranium 15 (2), S. 63–66, Rotterdam 1998

VAN HOOIJDONK, Kees: De sabeltandtijger *Homotherium latidens* in Nederland. De vonst van een niet alledaags fossiel,

Grondboor & Hamer. Tweemaandelijks tijdschrift van de Nederlandse Geologische Verenigung 53 (6), S. 119–123, Maasstricht 1999

VAN HOOIJDONK, Kees: Europese vindplaatsen. Il était une fois ... Il y près de 2.000.000 d'annes à Chilhac. Cranium 19 (2), S. 164–167, Rotterdam 2002

VAN HOOIJDONK, Kees: Wetenswaardigheden over *Homotherium*. Was *Homotherium* zoolganger of teenganger? Cranium 20 (2), S. 23–30, Rotterdam 2003

VAN HOOIJDONK, Kees: De Sabeltandkatten *Homotherium* en *Megantereon* (Felidae, Carnivora) van de Plio-Pleistocene site van Senèze (Haute Loire, Fr.). Cranium 23 (2), S. 25–38, Rotterdam 2006

WERDELIN, Lars / SARDELLA, Raffaela: The „Homotherium" from Langebaanweg, South Africa and the origin of *Homotherium*. Palaeontographica, Abt. A., 277, S. 123–130, Stuttgart 2006

WERDELIN, Lars / LEWIS, Margaret E.: A revision of the Genus *Dinofelis* (Mammalia, Felidae). Zoological Journal of the Linnean Society, Vo. 132, 1, S. 147–258, London 2001

WIEDENROTH, Horst Gustav / NAGEL, Doris / LÖDL, Martin: *Megantereon cultridens* – Eine Säbelzahnkatze nimmt Formen an. Der Präparator, 47 (3), S. 125–132, Göttingen 2002

WIKIPEDIA Freie Enzyklopädie http://wikipedia.org

WOLDRICH, Josef: První nálezy Machaerodu v jeskynním diluviin moravském a dolnorakouském. Rozpravy Ceské akademie císare Frantiska Josefa pro vedy, slovesnost a umení, trrída II., 25 (12): Praha 1916

WOLF, Josef: Menschen der Urzeit. Die Entwicklung des Lebens auf unserer Erde, Illustrationen von Zdenek Burian unter der Leitung von Prof. J. Augusta, D. V. Mazek, Prof. Z. Spinar, Dr. J. Wolf, Prag 1988

ZAGWIJN, Waldo H. / JONG, Jan de: Die Interglaziale von Bavel und Leerdam und ihre stratigraphische Stellung im

niederländischen Früh-Pleistozän. Mededelingen Rijks
Geoloische Dienst, 37, S. 155–169, Haarlem 1984
ZDANSKY, Otto: Jungtertiäre Carnivoren Chinas. Palae-
ontologica Sinica 2, S. 1–149, Peking 1924

Bildquellen

Mauricio Antón Ortúzar, Departamento de Paleobiología, Museo Nactional de Ciencias Naturales-CSIC, Madrid: 36 oben
Archiv Forschungsstelle für Quartärpaläontologe der Senckenbergischen Naturforschenden Gesellschaft, Weimar: 50
Archiv Naturhistorisches Museum Rotterdam: 42
Klaus Benz, Fotograf, Mainz-Laubenheim: 7 unten, 108
Rene Bleuanus, Bleudesign, Gorinchem: 1, 6 oben, 44 oben, 46 oben, 46 unten, 47 oben
Rob Buiter, Heemstede: 47 unten
Javier Cáceres, Madrid: 101
Gemeinde Eppelsheim / Förderverein Dinotherium-Museum e. V. Eppelsheim: 102 unten
Charles Richard (Dick) Harington, Curator of Quaternary Zoology Emeritus, Canandian Museum of Nature, Ottawa, Ontario: 33
Ulrich H. J. Heidtke, Niederkirchen (Pfalz): 68 oben, 68 unten, 69
Hessisches Landesmuseum Darmstadt: 102 oben
Professsor Dr. Hansjürg Kuhn, Göttingen: 64
Landesamt für Denkmalpflege Hessen, Abteilung Archäologie und Paläontologie, Schloss Biebrich, Wiesbaden: 65
Dick Mol, Experte für fossile Säugetiere aus dem Eiszeitalter (vor allem Mammut), Hoofddorp: 49 oben, 49 unten
MCZ Harvard: 14 oben
Naturhistorisches Museum Mainz / Landessammlung für Naturkunde Rheinland-Pfalz: 66
Hristo Peshev, Blagoevgrad, Bulgarien: 31
Kevin Pluck (yaaaay), London / CC-BY2.0: 35
(via Wikimedia Commons), lizensiert unter
CreativeCommons-Lizenz by-2.0-de
http://creativecommons.org/licenses/by/2.0/legalcode

Reproduktion aus: MOL, Dick / LOGCHEM, Wilrie van / HOOIJDONK, Kees van / BAKKER, Remie: The Saber-Toothed Cat of the Nord Sea, Norg 2008: 6 unten, 89
Reproduktion aus: SOTNIKOVA, Marina V.: A new species of *Machairodus* from the late Miocene Kalmakpai locality in eastern Kazakhstan (USSR), Helsinki 1992: 87
Reproduktion aus: Tiere der Urwelt (Creatures of the Primitive World), Series 1 and 2. Illustrated by F. John, Printed 1902 and 1906(?), Germany: 6 Mitte, 16 oben
Reproduktion eines Fotos vor 1897; 31 oben
Reproduktion eines Gemäldes von Charles Robert Knigh; 16 unten
Reproduktionen aus: ABEL, Othenio: Lebensbilder aus der Tierwelt der Vorzeit. Zweite erweiterte Auflage, Wien 1927: 18, 22
Reproduktionen aus: MAZAK, Vratislav: On a Supposed Prehistoric Representation of the Pleistocene Scimitar Cat *Homotherium* Fabrini, 1890 (Mammalia; Machairodontinae, Stuttgart 1970: 56 oben, 56 unten
Reproduktionen aus: PROBST, Ernst: Deutschland in der Steinzeit, München 1991 (Gemälde von Fritz Wendler †, Obergotzing): 71, 74 oben, 74 unten
Miron Seffzek, Urzeitshop www.urzeitshop.de, Duvensee: 70 oben, 70 unten
Shuhei Tamura, Kanagawa, Japan: 12, 14 unten, 20, 24 oben, 24 unten, 29 oben, 29 unten
The Zoology Museum, Aberdeen: 58
Professor Dr. Evangelia Tsoukala, School of Geology, Aristotle University, Thessaloniki: 55
Thüringer Zoopark Erfurt: 54
Professor Dr. Alan Turner, Research Centre in Evolutionary, Anthropology School of Natural Sciences and Psychology, John Moores University, Liverpool: 36 unten
Keees van Hooijdonk, Rucphen, Niederlande: 7 Mitte, 39 oben, 39 unten, 45 oben, 52, 82, (Reproduktion aus:

126

BALLESIO, Roland: Monographie d'un *Machairodus* du gisement Villafranchien de Senèze: *Homotherim crenatidens* Fabrini, Lyon 1963): 38
Verschönerungs- und Verkehrsverein Biebrich am Rhein e. V.: 62, 63 oben, 63 unten
Hans Wildschut, Fotograf, Hoofddorp, Niederlande: 44 unten, 45 unten, 48
Frank Wouters, Antwerpen, Belgien: 7 oben, 77

Bücher von Ernst Probst

Affenmenschen
Von Bigfoot bis zum Yeti

Archaeopteryx
Der Urvogel aus Bayern

Das Dinotherium-Museum Eppelsheim
Führer durch die Ausstellung
(zusammen mit Dr. Jens Lorenz Franzen
und Heiner Roos)

Der Mosbacher Löwe
Die riesige Raubkatze aus Wiesbaden

Der Schwarze Peter
Ein Räuber im Hunsrück und Odenwald

Der Ur-Rhein
Rheinhessen vor zehn Millionen Jahren

Höhlenlöwen
Raubkatzen im Eiszeitalter

Johann Jakob Kaup
Der große Naturforscher aus Darmstadt

Monstern auf der Spur
Wie die Sagen über Drachen, Riesen
und Einhörner entstanden

Superfrauen 1 – Geschichte

Superfrauen 2 – Religion

Superfrauen 3 – Politik

Superfrauen 4 – Wirtschaft und Verkehr

Superfrauen 5 – Wissenschaft

Superfrauen 6 – Medizin

Superfrauen 7 – Film und Theater

Superfrauen 8 – Literatur

Superfrauen 9 – Malerei und Fotografie

Superfrauen 10 – Musik und Tanz

Superfrauen 11 – Feminismus und Familie

Superfrauen 12 – Sport

Superfrauen 13 – Mode und Kosmetik

Superfrauen 14 – Medien und Astrologie

Superfrauen aus dem Wilden Westen

Königinnen der Lüfte

Königinnen des Tanzes

Taschenbücher von Doris Probst

Weisheiten und Torheiten über das Alter

Weisheiten und Torheiten über die Arbeit

Weisheiten und Torheiten über die Ehe

Weisheiten und Torheiten über Frauen

Weisheiten und Torheiten über Männer

Weisheiten und Torheiten über Mütter

Weisheiten und Torheiten über Kinder

Weisheiten und Torheiten über die Liebe

Der Ball ist ein Sauhund
Weisheiten und Torheiten über Fußball

Worte sind wie Waffen
Weisheiten und Torheiten über die Medien

Adlerschrei und Zitronenfalter
Gedichte über Tiere

*

Bestellungen bei: www.grin.com